国家重点生态功能区生态保护绩效评估系列丛书

国家重点生态功能区县域生态环境状况评价研究与应用

中国环境监测总站 著

中国环境出版社·北京

图书在版编目（CIP）数据

国家重点生态功能区县域生态环境状况评价研究与应用/中国环境监测总站著.—北京：中国环境出版社，2015.2

（国家重点生态功能区生态保护绩效评估系列丛书）

ISBN 978-7-5111-2358-9

Ⅰ．①国…　Ⅱ．①中…　Ⅲ．①县—区域生态环境—环境质量评价—研究—中国　Ⅳ．①X321.2

中国版本图书馆 CIP 数据核字（2015）第 079426 号

出 版 人	王新程
责任编辑	曲　婷
责任校对	尹　芳
封面设计	彭　杉

出版发行　中国环境出版社
　　　　　（100062　北京市东城区广渠门内大街 16 号）
　　　　　网　　址：http://www.cesp.com.cn
　　　　　电子邮箱：bjgl@cesp.com.cn
　　　　　联系电话：010-67112765（编辑管理部）
　　　　　发行热线：010-67125803，010-67113405（传真）
印　　刷　北京中科印刷有限公司
经　　销　各地新华书店
版　　次　2015 年 5 月第 1 版
印　　次　2015 年 5 月第 1 次印刷
开　　本　787×1092　1/16
印　　张　9
字　　数　210 千字
定　　价　38.00 元

编委会成员

主　　　编：王业耀　何立环

执 行 主 编：刘海江

副 主 编：孙　聪　齐　杨

编　　　委：（按姓氏笔画排序）

马广文　于　洋　王晓斐　李宝林　陆泗进

赵晓军　高锡章　袁烨城　董贵华　彭福利

前　言

古语云"郡县治，天下安"，对我国生态环境保护与管理工作也是如此。县级政府作为我国环境保护管理体制的基层政府组织，担负着环境保护与管理政策、制度的具体落实与执行，以及生态保护工程项目实施。如果县级层面的生态环境得到很好的保护与治理，那么目前各种生态环境问题就不复存在。国家重点生态功能区是构建我国生态安全屏障的重要组成部分，是维系中华民族可持续发展的基本保障。在2010年国务院发布的《全国主体功能区规划》中，国家重点生态功能区作为限制开发区的组成部分，分为水源涵养、水土保持、防风固沙和生物多样性维护四种类型。其定位为保障国家生态安全的重要区域、人与自然和谐相处的示范区；其发展导向为：以保护和修复生态环境、提供生态产品为首要任务，因地制宜地发展不影响主体功能定位的产业，引导超载人口逐渐有序转移。在开发管制方面，要求严格管制各类开发活动，尽可能减少对自然生态系统的干扰，不得损害生态系统的稳定性和完整性；严格控制开发强度，逐步减少农村居民点占用的空间，腾出更多的空间用于维系生态系统的良性循环；实行更加严格的产业准入环境标准，严把项目准入关；优化空间开发格局，进一步提升集约开发水平，矿产资源开发、适宜产业发展、基础设施建设，都要控制在尽可能小的空间范围之内。

《全国主体功能区规划》是今后相当一段时期我国经济社会协调可持续发展的空间控制性规划。目前，推进主体功能区建设、优化区域开发格局已成为国家意志。本书围绕国家重点生态功能区的定位、发展目标，结合水土保持、水源涵养、防风固沙和生物多样性维护四种生态功能类型生态环境特征，探索研究基于县级尺度的国家重点生态功能区生态环境状况评价指标体系、评价方法与分级标准，并对国家重点生态功能区县域生态环境状况进行评价分析。全书主要内容分为5章，其中第1章为概述，由王业耀、何立环、孙聪、齐杨等编写；第2章为国家重点生态功能县域生态环境评价指标体系研究，由刘海江、何立环、李宝林、董贵华等编写；第3章为国家重点生态功能区县域生态环境评价方法研究，由何立环、刘海江、高锡章、齐杨等编写；第4章为国家重点生态功能区县域生态环境状况评价与分析，由孙聪、刘海江、李宝林、袁烨城等编写；第5章为主要结论。

　　本书在研究过程中得到许多专家和领导的指导和帮助，吸纳了参与国家重点生态功能区县域生态环境监测评价与考核工作的地方政府的意见和建议，在此表示衷心感谢。由于作者水平有限，错误和不足之处在所难免，敬请广大读者和同行不吝指正。

作者

2015 年 2 月于北京

目　录

第 1 章

概　述

1.1　国家重点生态功能区概况

1.1.1　来源与分布

2010 年，国务院发布《全国主体功能区规划》，该方案作为新中国成立以来首次在全国范围实施的高精度的国土空间开发规划（王传胜等，2013），是我国未来一段时期国土空间开发的战略性、基础性和约束性规划，也是其他诸如国民经济和社会发展总体规划、人口规划、环境保护规划、生态建设规划等空间开发和布局的基本依据，对于形成人口、经济和资源环境相协调的国土开发格局具有重要意义，对加快转变经济发展方式，促进经济长期平稳发展和社会和谐稳定具有重要作用。

《全国主体功能区规划》基于目前我国不同区域资源环境承载能力、现有开发强度及未来发展潜力，确定不同区域的主体功能，将我国国土空间分为优化开发、重点开发、限制开发和禁止开发四类主体功能区。同时根据不同主体功能类型，明确了主体功能定位和发展方向，提出财政、投资、产业、人口、环境、绩效考核评价等方面的政策重点。

国家重点生态功能区作为限制开发区的组成部分，是指生态系统对维系全国或较大范围区域的生态安全十分重要，需要在国土空间开发中限制大规模、高强度的工业化城镇化开发，以保持并提高生态系统的生态产品供给能力。其定位为保障国家生态安全的重要区域，人与自然和谐相处的示范区。发展方向以保护和修复生态环境、提供生态产品为首要任务，因地制宜地发展不影响主体功能定位的适宜产业。

根据《全国主体功能区规划》，国家重点生态功能区分为防风固沙、水土保持、水源涵养和生物多样性维护四种类型，并划定了 25 个生态功能区，其中包括 6 个防风固沙区、4 个水土保持区、8 个水源涵养区和 7 个生物多样性维护区，同时确定了每个功能区包含的县级行政区名称和数量，共包括 436 个县级行政区（表 1-1）。

表 1-1　国家重点生态功能区类型及分布

生态功能类型	区域名称	包含县级行政区个数
防风固沙	塔里木河荒漠化防治生态功能区、阿尔金草原荒漠化防治生态功能区、呼伦贝尔草原草甸生态功能区、科尔沁草原生态功能区、浑善达克沙地荒漠化防治生态功能区、阴山北麓草原生态功能区	56
水土保持	黄土高原丘陵沟壑水土保持生态功能区、大别山水土保持生态功能区、桂黔滇喀斯特石漠化防治生态功能区、三峡库区水土保持生态功能区	95
水源涵养	大小兴安岭森林生态功能区、长白山森林生态功能区、阿尔泰山地森林草原生态功能区、三江源草原草甸湿地生态功能区、若尔盖草原湿地生态功能区、甘南黄河重要水源补给生态功能区、祁连山冰川与水源涵养生态功能区、南岭山地森林及生物多样性生态功能区	148
生物多样性维护	川滇森林及生物多样性生态功能区、秦巴生物多样性生态功能区、藏东南高原边缘森林生态功能区、藏西北羌塘高原荒漠生态功能区、三江平原湿地生态功能区、武陵山区生物多样性及水土保持生态功能区、海南岛中部山区热带雨林生态功能区	137

注：根据《全国主体功能区规划》整理。

1.1.2　相关概念

1.1.2.1　重要生态功能区

重要生态功能区首次在 2000 年国务院印发的《全国生态环境保护纲要》（国发[2000]38号）中提出，是指在江河源头、重要水源涵养区、水土保持的重点预防保护区和重点监督区、江河洪水调蓄区、防风固沙区和重要渔业水域等在保持流域、区域生态平衡，减轻自然灾害，确保国家和地区生态环境安全方面具有重要作用的区域。

韩永伟等（2012）基于生态系统服务功能及其辐射的相关研究，将重要生态功能区定义为在维护国家或流域、区域生态平衡，减轻自然灾害，确保国家或区域生态安全，为自身及其周边地区提供水源涵养、防风固沙、洪水调蓄等典型生态服务，促进区域、流域经济社会可持续发展等方面具有重要作用的区域。上述两种表述没有本质差别，都强调特定区域的生态系统对维护国家或区域生态安全的重要性。

重要生态功能区在国土空间上的落地是 2008 年环境保护部、中国科学院联合发布的《全国生态功能区划》方案。根据不同类型生态功能区对保障国家生态安全的重要性，划定了水源涵养、土壤保持、防风固沙、生物多样性保护和洪水调蓄 5 种类型 50 个重要生态功能区，同时明确了每个重要生态功能区的分布范围、主要生态问题和生态保护措施。

重要生态功能区与国家重点生态功能区本质上没有差别，都强调生态系统对维护国家或区域生态安全的重要性。在空间格局上，国家重点生态功能区包括水源涵养、水土保持、防风固沙和生物多样性维护四种类型，重要生态功能区除上述四种类型外多了洪水调蓄功能类型；空间布局上部分功能区也有重叠；数量上国家重点生态功能区包括 25 个区域，重要生态功能区包括 50 个区域。

1.1.2.2 生态功能保护区

生态功能保护区最早出现于 1999 年原国家环境保护总局发布的《全国环境保护工作要点》中，当时称为"特殊生态功能保护区"，提出在黄河、长江源头特殊生态功能区建立特殊生态功能保护区，并加强监测和预警工作。

2000 年《全国生态环境保护纲要》正式提出生态功能保护区，指出生态功能保护区是在重要生态功能区的范围内划定，分为国家级、省级和地（市）级三个级别，并提出相应的建立、评审程序及保护要求，其建设模式类似于自然保护区。

2007 年，原国家环境保护总局印发《国家重点生态功能保护区规划纲要》，围绕国家限制开发区，合理布局国家重点生态功能保护区，建设一批水源涵养、水土保持、防风固沙、洪水调蓄、生物多样性维护生态功能保护区，形成较完善的生态功能保护区建设体系，建立较完备的生态功能保护区相关政策、法规、标准和技术规范体系，主要生态功能得到有效恢复和完善。

1.1.2.3 生态脆弱区

按照环境保护部 2008 年发布的《全国生态脆弱区保护规划纲要》，生态脆弱区也称作生态交错区，是指两种不同类型生态系统交界过渡区域，区域内生态环境条件与两个不同生态系统核心区域有明显的区别，是生态环境变化明显的区域。具有以下主要特征：①抗干扰能力弱。生态脆弱区内生态系统结构稳定性较差，对环境变化相对敏感，自我修复能力弱，容易受到外界的干扰发生退化。②时空波动性强。在时间上表现为气候、生产力在季节和年际间的变化；在空间上表现为系统生态界面的摆动或状态类型的变化。③边缘效应显著。生态脆弱区因处于不同生态系统之间的交接带或重合区，是物种相互渗透的群落过渡区和环境梯度变化明显区，具有显著的边缘效应。④环境异质性高。

《全国生态脆弱区保护规划纲要》确定了我国 8 个主要的生态脆弱区，分别为东北林草交错生态脆弱区、北方农牧交错生态脆弱区、西北荒漠绿洲交接生态脆弱区、南方红壤丘陵山地生态脆弱区、西南溶岩地区山地石漠化生态脆弱区、西南山地农牧交错生态脆弱区、青藏高原复合侵蚀生态脆弱区和沿海水路交接带生态脆弱区。

1.1.3 国家重点生态功能区有关政策与制度

国家重点生态功能区是生态文明建设的重点区域，也是建设美丽中国的优先区域。《全国主体功能区规划》发布后，特别是党的十八大提出推进生态文明建设，将生态文明建设与经济、政治、文化、社会建设并列形成"五位一体"的经济社会发展格局。党的十八届三中全会形成的《中共中央关于全面深化改革若干重大问题的决定》将生态文明制度建设作为改革的重点内容，国家有关部门陆续出台相关政策来规范和引导国家重点生态功能区生态环境保护与建设，不断夯实其国家生态安全屏障的地位。

1.1.3.1 生态文明建设方面

2011 年，国家发改委、财政部和国家林业局三部门共同开展了西部地区生态文明示范工程试点工作，制定了实施办法和评价指标体系。按照重点开发区、优化开发区和限制开发区不同主体功能类型，筛选确定了首批试点市、县名单。试点期限从 2011—2015 年，2016 年进行终期考核评估，检验建设成效。

2013 年，环境保护部在原国家生态市、生态县建设指标体系基础上发布了《国家生态文明建设试点示范区指标（试行）》，分为县（县级市、区）和市（含地级行政区）两个不同行政单元的指标体系，由生态经济、生态环境、生态人居、生态制度和生态文化 5 大类 29 个指标构成，又细分为约束性指标和参考性指标。在生态环境和生态人居指标中按照重点开发区、优化开发区、限制开发区和禁止开发区不同类型分别设置差别化指标值，用以分类指导。

同年，国家林业局发布《推进生态文明建设规划纲要（2013—2020 年）》，根据林业部门在森林、湿地、荒漠及野生动植物保护方面的职责，规划了 2020 年以前生态文明建设的战略任务和重大行动，提出 6 大战略任务和 10 个重大行动，其中将国家重点生态功能区建设作为重大行动之一，主要内容包括：①编制 25 个国家重点生态功能区生态保护与建设规划，强化各功能区的生态主体功能，逐步形成适应各类主体功能要求的生态空间格局。②推进生态功能区生态保护和修复，加强天然林保护、维护和重建湿地等生态系统，加强生物多样性保护，加强自然生态系统与重要物种栖息地保护。③开展生态监测评估，对国家重点生态功能区开展生态监测评估，加强生态系统结构和功能监测，构建以国家重点生态功能区以及重大生态修复工程为核心的综合生态监测评估体系。

1.1.3.2 生态补偿方面

为建立适应国家主体功能区要求的财政政策，财政部从 2008 年启动了国家重点生态功能区财政转移支付制度，中央财政每年安排转移支付资金，对位于国家重点生态功能区内的县级政府给予转移支付。该转移支付作为一般性转移支付，主要用于生态环境保护和民生改善，目标是缩小地区间财力差距，实现基本公共服务均等化，对国家重点生态功能区内的地方政府由于保护生态环境而丧失的财力给予补偿。截至 2014 年，转移支付资金累计达到 2 004 亿元，转移支付县域为 512 个。

为规范转移支付资金分配和使用，建立国家重点生态功能区生态补偿长效机制，财政部从 2009 年起研究并不断完善国家重点生态功能区转移支付办法，制定了《中央对地方国家重点生态功能区转移支付办法》，对转移支付对象、分配原则、测算方法、资金绩效考核、省级分配、资金使用和监管做出了规定，在资金使用上特别要求用于生态环境保护和改善民生，不得用于楼堂馆所和形象工程建设，不得用于竞争性领域。

1.1.3.3 生态环境保护与治理方面

国家高度重视重点生态功能区的生态环境保护，在 2011 年发布的《国务院关于加强环境保护重点工作的意见》（国发[2011]35 号）和《国家环境保护"十二五"规划》（国发

[2011]42 号）两个"十二五"生态环境保护纲领性文件中，均明确提出要加强重点（要）生态功能区生态环境保护，完善管理机制；加强生态环境监测与评估体系建设，开展生态系统结构和功能的连续监测和定期评估，严格控制污染物排放总量和产业准入标准等内容。

2013 年，环境保护部、国家发改委和财政部三部门联合印发《关于加强国家重点生态功能区环境保护和管理的意见》，提出了国家重点生态功能区建设的主要任务，包括严控开发强度、加强产业发展引导、划定生态保护红线、加强生态功能评估、强化生态环境监管、健全生态补偿机制。在实施上先选择代表性的不同类型国家重点生态功能区进行试点，探索区域发展模式和生态环境综合管理新途径，创新区域生态保护和管理新机制。

2013 年，国家发改委发布了《西部地区重点生态区综合治理规划纲要（2012—2020年）》，按照我国西部地区生态地理特征，将我国西部地区的重点生态区分为西北草原荒漠化防治区、黄土高原水土保持区、青藏高原江河水源涵养区、西南石漠化防治区和重要森林生态功能区五个区域，确定了每个区域包括的县域（县级市、区）数量及名单，共涉及 574 个具（旗、市），覆盖国土面积近 400 万 km²。这五个重点生态区与《全国主体功能区规划》中位于我国中西部的国家重点生态功能区在空间上重合。根据每个区域生态环境自然禀赋的空间差异以及目前生态工程建设成效综合分析，确定了五个重点生态区的综合治理模式、判别依据和治理策略，包括：①优良生态资源保护模式，县域内优良自然生态系统面积占县域国土面积的比例大于 50%，采取优先实施生态补偿和奖励的治理模式；②重大生态建设成果巩固模式，生态环境明显改善，生态系统退化得到遏制的区域，采取进一步投入巩固治理成果的治理模式；③分散项目优化整合模式，指分散实施多项生态工程项目，或工程实施时间短，生态成效有待于进一步提升的区域，采取综合规划和整合现有生态工程，集中投入的治理模式；④多种模式组合。对于同时存在两种以上生态治理模式的区域，根据区域内优良自然生态系统所占的面积比例和已有生态工程实施情况，以县为单位，确定由不同治理模式构成的组合模式。

同年，国家发改委发布《国家发展改革委贯彻落实主体功能区战略推进主体功能区建设若干政策的意见》，对限制开发的国家重点生态功能区提出 7 条指导性政策，其中对生态环境保护、区域开发和经济发展模式提出了对应政策，诸如：①逐步加大政府投资对生态环境保护方面的支持力度，重点用于国家重点生态功能区特别是中西部国家重点生态功能区的发展。②对各类开发活动进行严格管制，开发矿产资源、发展适宜产业和建设基础设施，须开展主体功能适应性评价，不得损害生态系统的稳定性和完整性。③实行更加严格的产业准入环境标准和碳排放标准，在不损害生态系统功能的前提下，鼓励因地制宜地发展旅游、农林产品生产和加工、观光休闲农业等产业。④严格控制开发强度，城镇建设和工业开发要集中布局、点状开发，控制各类开发区数量和规模扩张，支持已有工业开发区改造成"零污染"的生态型工业区。

1.1.3.4　绩效考核方面

2013 年，中共中央组织部印发《关于改进地方党政领导班子和领导干部政绩考核工作的通知》，其中第 2 条提出要完善政绩考核评价指标，根据不同地区、不同层级领导班子和领导干部的职责要求，设置各有侧重、各有特色的考核指标，强化约束性指标考核，加大资源消耗、环境保护、消化产能过剩等指标的权重等内容。同时，对限制开发区的考核也做出明确规定，在第 3 条中指出对限制开发的农产品主产区和国家重点生态功能区，分别实行农业优先和生态保护优先的绩效评价，不考核地区生产总值、工业等指标……

该文件对推进主体功能区形成，建立国家重点生态功能区地方党政领导干部政绩考核机制，加强生态环境保护，构建国家生态安全屏障，维护国家生态安全具有重要指导意义。

1.2　生态环境监测与评价进展

"生态环境"一词是比较中国化的术语（牛文元，2012），"生态"一词源于希腊语"oikos"，其意为"住所"或"栖息地"，作为一门学科，生态学主要研究生物与其环境之间关系的科学；"环境"一词是相对于主体而言的，一般主要指以人类为主体的自然要素和社会因素的总和。对于生态环境的含义，不同研究者由于认识角度不同，对其解释也不尽相同，综合起来生态环境主要强调两方面内容：①生态环境包括生物因素和非生物因素。②人类是生态环境的主体。因此，可将生态环境定义为以人类为中心的各种影响人类生存和发展的环境条件的综合，具有系统性、综合性和复杂性特征。

生态环境监测是以生态学原理为理论基础，运用可比的和较成熟的方法，在时间和空间上对特定区域范围内生态系统和生态系统组合体的类型、结构和功能及其组合要素进行系统的测定，为评价和预测人类活动对生态系统的影响，为合理利用资源、改善生态环境提供决策依据。生态环境质量是指生态环境的优劣程度，在特定时空范围内，反映生态环境对人类生存及社会经济持续发展的适宜程度，一般根据特定目标对生态环境的性质、状况及变化动态进行评定。生态环境评价就是根据特定的目的，选择科学合理可行的评价指标和方法，对生态环境的优劣程度进行定性或定量的分析和判断。

生态环境监测与生态环境评价是紧密联系的两个过程，生态环境监测是开展评价的重要基础，而评价又是监测的目标和出发点，根据评价的具体目标决定要开展哪些生态环境指标的监测、获取哪些环境要素的数据、采用哪种监测手段和监测技术。而评价结果的可靠性和准确性与生态环境监测密切相关。

1.2.1　生态环境监测发展

生态环境监测是系统收集地球资源信息和生命支持能力数据的一种方法，这些数据涉及人类、动物、植物、微生物及环境要素。其基本任务是对生态系统现状以及因人类活动所引起的重要生态问题进行动态监测；对破坏的或退化的生态系统在人类治理过程中的恢复过程进行监测；通过长时间序列监测数据的积累，建立数学模型，研究各种生态问题的演变规律及发展趋势。

生态环境监测具有以下特点：①综合性。由于生态系统包括水、土、气、生物等多个要素，而各要素之间又具有复杂的相互作用关系，因此，生态环境监测不仅要监测生物要素，还要监测水、土、气等环境要素。②长期性。在正常状态下，生态系统变化比较缓慢，同时生态系统具有自我调控功能，短期监测结果往往不能体现生态环境的实际情况，因此生态环境监测往往需要有长时间的数据积累，需要长期的连续监测。③复杂性。生态系统本身是一个复杂的动态系统，各要素之间具有复杂的作用关系，同时，人类活动对生态系统的干扰日益强烈，在生态监测中区分自然因素和人为干扰的作用权重相对困难，因此，生态环境监测具有复杂性，很难建立一种普便的并被广泛认可的指标和方法。

　　生态环境监测的内容主要分为生物要素监测、环境要素监测、景观生态格局监测和人类社会活动监测等方面，其中生物要素监测是对生物个体、种群、群落的组成、数量、动态的统计和监测，以及污染物在生物体中的迁移、转化和传递过程中的含量及变化监测；环境要素监测是对生态环境中的非生命成分进行监测，包括气候、水文、地质、地形地貌以及水环境、大气环境、土壤环境等基本特征及污染特征的监测；景观生态格局监测是对一定时空范围内生态系统的组成及空间结构、分布格局等进行监测；人类社会活动监测主要针对人类的生产、生活和发展对生态环境的影响，主要包括社会、经济、人口等方面。

　　国际上生态环境监测以建立长期定位监测网络为主要发展手段，目前，在全球或区域尺度上主要有全球环境监测系统（GEMS）、全球陆地观测系统（GTOS）、国际长期生态研究网络（ILTER）、全球通量观测网络（FLUXNET）和国际生物多样性观测网络（GEO·BON）等；在国家尺度上，主要有美国长期生态研究网络（US-LTER）、英国环境变化监测网络（ECN）和中国生态系统研究网络（CERN）等主要长期生态观测网络。

1.2.1.1　全球环境监测系统（GEMS）

　　该系统于 1978 年由世界卫生组织（WHO）、世界气象组织（WMO）、联合国教科文组织（UNESCO）和联合国环境规划署（UNEP）联合建立，在加拿大国家水环境研究所启动，其宗旨是以水资源可持续管理为目标，提供全球内陆淡水水质现状及趋势方面的数据、信息、评估及研究。截止到 2013 年年底，该网络在全球共布设监测站点 4 055 个，其中非洲 368 个，北美洲 1 124 个，拉丁美洲及加勒比地区 1 454 个，欧洲 358 个，亚太地区 636 个，西亚 115 个。积累了 1965—2013 年的水环境监测数据 460 万个，监测指标包括物理、化学、营养、主要离子、金属离子、有机物、有机污染物、微生物以及水文等 8 个方面的内容和项目。

1.2.1.2　全球陆地观测系统（GTOS）

　　该系统于 1993 年由联合国粮农组织（FAO）、联合国环境规划署（UNEP）、联合国教科文组织（UNESCO）、世界气象组织（WMO）以及国际科学联合会理事会（ICSU）联合发起。GTOS 通过遥感和地面观测两种手段获取陆地生态系统数据，数据采集均采用全球一致的标准和方法，保证了全球不同区域数据的可比性。目前观测的生态环境指标超过 180 个，社会经济指标达 55 个。

　　GTOS 重点关注 5 方面科学问题：①土地利用变化对可持续发展的影响；未来土地能否生产足够的粮食满足所需；②评估在哪些地方、哪个时候会出现淡水资源短缺，缺口有多大；③气候变化对陆地生态系统产生哪些影响；④生物资源丧失是否会对生态系统及人类社会造成不可逆转的损害？哪种资源将会消失，在哪些地方会发生；⑤有害物质在哪些地方和何时会成为人类及环境健康的主要威胁，生态系统降解有害物质的能力有多大。

1.2.1.3 国际长期生态观测研究网络（ILTER）

1993 年，在美国科罗拉多州埃斯特斯公园召开的美国长期生态研究会议上，来自 16 个国家的 39 位科学家和官员提议建立国际长期生态研究网络。ILTER 主要研究领域为生物多样性监测评估、气候变化与土地利用及生态系统服务关系、社会经济发展与氮生物地球化学循环的联系及相互作用、气候变化的影响及适应策略、生态系统服务评估 5 个方面。

截止到 2013 年年底，ILTER 包括了 39 个国家级长期生态研究网络，其中非洲地区 4 个，中南美洲地区 3 个，东亚太平洋地区 8 个，欧洲地区 21 个和北美洲地区 3 个；组建了东亚—太平洋地区、欧洲、非洲、北美及中南美洲 5 个区域性监测网。

1.2.1.4 国际通量观测研究网络（FLUXNET）

国际通量观测研究网络（FLUXNET）最早在 1993 年"国际地圈-生物圈计划"中首次提出，1995 年国际科学委员会正式讨论成立国际通量观测研究网络（FLUXNET），1996 年和 1997 年欧洲通量网（EuroFlux）和美洲通量网（AmeriFlux）相继建成。

目前，国际通量观测研究网络注册的国家或地区网络已达 53 个，区域性监测网络主要包括美洲通量观测网、亚洲通量观测网、非洲通量观测网以及中国、日本、墨西哥、加拿大通量观测网等 13 个。截至 2013 年年底，注册的通量观测塔有 555 个，主要分布在地球南纬 40°到北纬 70°之间从热带到寒带的各种植被区，观测的指标不仅包括二氧化碳、水分和能量交换，还有区域的土地覆盖类型、气候气象以及植物、土壤等。

1.2.1.5 国际生物多样性观测网络（GEO·BON）

2008 年，国际生物多样性研究计划（DIVERSITAS）、世界自然保护联盟（IUCN）、美国国家航空航天局（NASA）等国际和地区组织联合建立了国际生物多样性观测网络（GEO·BON），目标是构建一个全球性平台来整合全球各地的生物多样性监测数据和信息。GEO·BON 下设 9 个工作组，分别为：基因多样性监测工作组、陆地物种监测工作组、陆地生态系统监测工作组、淡水生态系统监测工作组、海洋生态系统监测工作组、生态系统服务功能监测工作组、遥感跨尺度整合及模型模拟工作组、监测数据整合和标准化工作组、生物多样性指示指标研究工作组，每个工作组都有各自的成员单位、研究计划及目标。

1.2.1.6 美国长期生态研究网络（US-LTER）

美国长期生态研究网络（US-LTER）建于 1980 年，是世界上建立最早、覆盖生态系统类型最多的国家长期生态研究网络，站点覆盖了森林、草原、农田、湖泊、海岸、极地冻原、荒漠和城市生态系统。监测内容包括生物种类、植被、水文、气象、土壤、降雨、地表水、人类活动、土地利用、管理政策等。主要研究内容包括：①生态系统初级生产力格局研究；②种群营养结构的时空分布特点；③地表及沉积物的有机物质聚集的格局与控制研究；④无机物及养分在土壤、地表水及地下水间的运移格局；⑤干扰的模式和频率。

美国长期生态研究网络注重观测的标准化，研究制定了一系列观测分析标准方法，实施标准化观测，如《长期生态学研究中的土壤标准方法》（第二版，2009 年）、《初级生产力监测原理与标准》（2004 年）、《环境抽样的 ASTM 标准》（1997）、《生物多样性的测量与监测：哺乳动物的标准方法》等，同时也非常注重监测数据的规范化共享。在美国长期生态研究网络基础上，2000 年，美国国家基金委员会（NSF）提出建立"美国国家生态观测网络"（National Ecological Observatory Network，NEON）的设想，针对美国所面临的生态环境问题，利用先进的仪器和装备，在区域至大陆尺度上开展生态系统观测、研究、试验和综合分析。

1.2.1.7 英国环境变化监测网络（ECN）

英国环境变化监测网络建于 1992 年，1993 年开始陆地生态系统监测，1994 年开始监测淡水生态系统。该网络由 12 个陆地生态系统监测站和 45 个（河流站点 29 个，湖泊站点 16 个）淡水生态系统监测站组成，覆盖了英国主要环境梯度和生态系统类型；其特点是非常重视监测工作，对所有监测指标都制定了标准的 ECN 测定方法，同时也形成了非常严格的数据质控体系，包括数据格式、数据精度要求、丢失数据处理、数据可靠性检验等；所有监测数据都建立中央数据库系统进行集中管理、共享。在监测指标上，ECN 不追求监测生态系统全部要素指标，而是根据自然生态系统类型和特点来确定监测指标。

1.2.1.8 中国生态环境监测网络

中国生态环境观测网络建设在世界上处于领先地位，20 世纪 80 年代末开始建立的中国生态系统研究网络（CERN）是目前世界上三大国家网络之一，也是国际长期生态研究网络的重要发起成员。目前由 1 个综合中心、5 个学科分中心（分别为水分、土壤、大气、生物和水体）和 42 个生态环境定位监测站组成，覆盖农田、森林、草原、荒漠、湖泊、海湾、沼泽、喀斯特及城市 9 类生态系统，经过 30 多年的发展，目前已经构成了中国区域长期生态观测—水、碳通量观测—生物多样性观测—陆地样带观测研究一体化的野外综合平台体系。

中国生态系统研究网络非常重视观测的标准化，制定了水文、土壤、气候和生物要素监测标准方法，编制了诸如《生态系统大气环境观测规范》、《陆地生态系统水环境观测规范》、《陆地生态系统土壤观测规范》、《陆地生态系统生物观测规范》、《水域生态系统观测规范》、《陆地生态系统生物观测数据质量保证与质量控制》等丛书，建立了数据管理、质控和集成分析系统，同时监测数据实现了开放共享，成为国家科技共享平台的特色数据资源。在 CERN 基础之上，2005 年，国家启动了国家生态系统观测研究网络（CNERN）建设，目的是对现有的生态系统观测研究台站进行整合，在国家层面上建立跨部门、跨行业的科技基础条件平台，实现资源整合、标准化规范化监测、数据共享。通过对已有台站的评估认证，目前有 53 个台站纳入了国家生态系统观测研究网络，其中包括 18 个国家农田生态站、17 个国家森林生态站、9 个国家草地与荒漠生态站、7 个国家水体与湿地生态站以及国家土壤肥力网和国家生态系统综合研究中心。

林业部门从 20 世纪 50 年代开始逐步建立的中国森林生态系统定位研究网络（CFERN）也具有重要影响，该网络目前已发展成为横跨 30 个维度、代表不同气候带的 73 个森林生态站组成的网络，覆盖了我国森林生态系统分布区，同时也在积极建设湿地生态监测网络和荒漠监测网络，规划到 2020 年，森林生态站数量达到 99 个，湿地生态站达到 50 个，荒漠生态站达到 43 个。为了规范网络运行管理及监测标准化和规范化，林业部门也制定并颁布了森林、湿地和荒漠方面的观测标准规范。

此外，我国水利、农业、环保等行业部门也根据部门业务需求建立了相应的生态环境监测网络，如水利部门的水土保持监测网络由水利部水土保持监测中心、7 大流域监测中心站、31 个省级监测总站、175 个重点地区监测分站以及分布在不同水土流失类型区的典型监测点构成的覆盖全国的水土保持监测网络。农业部门的生态环境监测网由全国农业环境监测网络、渔业生态环境监测网络和草原生态环境监测网络构成，分别负责农业、渔业以及草原的例行监测与管理。环保部门以国家环境监测网为主，其目标是说清环境质量状况及变化趋势、说清污染源排放状况、说清潜在的环境风险，经过 30 多年的建设形成了覆盖全国的，涉及水、空气、土壤、生物/生态、近岸海域等环境要素的网络，在运行机制上，建立了由国家、省、地市和县四级监测站组成的业务化体系，负责不同层级行政区域内的环境监测业务。

目前，世界各地均面临诸如气候变化、环境污染、土地利用变化以及生物多样性丧失等一系列共性生态环境问题，这些问题的形成机理、演变过程及解决手段，均需要基于系统科学的生态环境长期观测研究数据的支持。在发展趋势上，生态环境监测呈现以下特点：①联网观测与研究逐渐成为主流。随着生态系统研究的时空尺度不断拓展，基于单个监测站点或网络的数据资料已经无法满足研究需要，需要跨区域的不同监测站点甚至不同观测网络进行联合观测与研究，建立从样地到区域甚至到全球多尺度的系统的观测与研究成为趋势。②重视观测的标准化、规范化与数据共享。生态系统的联网观测研究必须保证观测数据的可比性，因此，规范化标准化观测尤为重要，目前几乎每个生态环境观测研究网络都将观测行为的标准化和规范化作为首要任务，另外也在积极推动观测数据的共享。今后需要继续推进观测的标准化和规范化，进一步统一不同生态环境观测网络的观测标准，最好建立国际统一的观测标准和规范。③观测手段多样化、自动化水平不断提高。随着生态环境观测设备、实验仪器以及通讯技术的不断发展，特别是成套自动观测设备的大量装备，使得监测数据精确性得到提高，部分监测指标数据获取的频率从原来以天为单位甚至提高到以秒为单位。④综合观测与模型模拟日益得到重视。地面长期定位观测数据在空间尺度上具有局限性，只能反映有限空间范围的生态环境状况及变化过程，为了实现对区域甚至更大尺度生态系统结构、过程和功能的观测研究，需要将长期定位观测数据、遥感数据、地理空间数据进行集成和同化，同时借助数学模型开展综合研究日益得到重视。

1.2.2　生态环境评价进展

生态环境的复杂性、综合性和区域差异性特征决定了开展生态环境评价的难度，同时限于人们对生态环境的认识和关注角度不同，导致生态环境评价方法也不同。按照关注角度的差异，生态环境评价的类型主要包括：关注生态问题的生态安全和生态风险评价、关注生态系统对外界干扰的抗性的生态稳定性和脆弱性评价、关注生态系统服务功能和价值的生态系统服务评价、关注生态系统承载能力的生态环境承载力评价以及关注生态系统健康状况的生态系统健康评价等。

社会生产力的飞速发展以及人类对自然资源的掠夺式使用带来了严重的环境污染和生态破坏，人们逐渐发现，基于单项污染的技术治理难以有效阻止生态环境持续恶化。从 20 世纪 40 年代起，一些发达国家开始制定环境质量和污染防治方面相关法律法规，如美国的《净化空气法修正法案》(*Clean air act amendments of 1999*)、《水法》(*Clean water act*)、《大气颗粒物新标准》，日本的《大气污染防治法》、《水污染防治法》，德国的《水法》和《防止扩散法》等 (Sharp, 2000)，将环境保护上升到法律高度以求环境恶化有所缓解。1969 年美国率先提出了环境影响评价制度，并在《国家环境政策法》中明确规定：大型工程必须在修建前编写环境影响评价报告书（梁嘉骅等，1992），此后加拿大、瑞典和澳大利亚等国也先后在环境保护法中确立环境影响评价制度，同时评价范围也逐渐由单因素评价向多因素评价过渡。

20 世纪 80 年代以后，随着计算机的普及，遥感（RS）、全球定位系统（GPS）和地理信息系统（GIS）空间信息技术开始应用于环境科学领域，其中以美国环保局（U.S.EPA）于 20 世纪 90 年代提出的环境监测和评价项目（EMAP）为典型代表，该项目从区域和国家尺度评价生态资源状况并对发展趋势进行长期预测，在此基础上又促进了州和小流域的环境监测与评价（R-EMAP）。经济合作与发展组织（OECD）遵照 1989 年七国首脑会议的要求，启动了生态环境指标研究的项目，首创了"压力—状态—响应"（PSR）模型的概念框架，并得到广泛应用。

进入 21 世纪，生态系统服务功能研究成为生态环境评价的一个热点领域，1995 年由 H.Moony、A.Cropper 和徐冠华等 10 名学者酝酿并在联合国有关机构、世界银行、全球环境基金和一些私人机构的支持下，新千年生态系统评估（Millennium Ecosystem Assessment, MA）启动，MA 核心工作即对生态系统的现状进行评估、预测生态系统的未来变化及该变化对经济发展和人类健康造成的影响、为有效管理生态系统提供各类产品和服务功能而改进生态系统管理工作的各种对策以及在一些重要地区启动若干个生态系统评估计划等（杨洪晓等，2003）。景观生态学的发展使遥感和地理信息系统等空间数据采集、处理和分析技术在生态环境评价中的作用得到极大的发挥，地理空间信息技术应用大大推动地理学、生态学研究与发展，并且与社会经济、区域发展规划密切结合，成为经济社会可持续发展研究不可或缺的技术手段。

我国生态环境评价研究始于 20 世纪 60 至 70 年代的城市环境污染现状的调查评价和工程建设项目的影响评价，董汉飞等（1985）对海南、珠江口等区域生态环境评价的原则、方法、指标体系进行的有益尝试是区域生态环境评价方面早期有影响的研究，选用生物量、生长量等生物学指标，关注生态系统最基本的组分和功能。

随着生态环境日益得到关注和环境管理工作的不断深入，同时遥感、地理信息系统等空间数据信息获取、处理和分析技术方法的进步，生态环境评价技术及方法逐渐从单要素调查向多源数据支持的多环境要素综合评价过渡，生态环境综合评价指标体系、评价方法研究得到管理部门和学界的重视（彭补拙，1996；黄欲婕，2000），评价方法由定性描述转向定量化分析（陈晓峰，1998；高志强，1999；史培军，1999），评价对象涉及城市、农业、湿地、草原、森林等生态系统；空间尺度覆盖流域、区域、省域、城市区、县域及小城镇。

　　本书主要从空间尺度角度简要梳理国内生态环境评价指标体系和方法。在区域或流域尺度生态环境评价方面，李晓秀（1997）根据山区生态环境特点，提出了山区生态环境质量评价指标，由水土流失指标（坡度、降雨量、地表岩性、植被覆盖度）、生物多样性、环境污染（地表水、空气、土壤）、农业环境质量（农药使用率、化肥使用率、农村能源结构、农膜污染、污水管概率）组成。孙玉军等（1999）通过样方调查对五指山自然保护区的土壤、植被、生态系统、物种多样性等重要生态环境因子进行了分析评价。王让会等（2001）依据生态环境质量评价的有关原则，结合塔河流域生态环境的实际情况，筛选出 4个系统（水资源系统、土地资源系统、生物资源系统、环境系统）20 个敏感因子作为评价指标，建立生态环境综合评价指标体系。通过构建生态脆弱性指数，综合反映了塔河流域生态环境质量的优劣程度。伏洋等（2004）以青海省 13 个主要流域和水系为评价单元，建立了流域生态环境评价指标体系和评价方法，对青海省主要河流生态环境质量进行综合评分。王顺久等（2006）利用投影寻踪法评价了巢湖流域生态环境质量。冀晓东等（2010）基于可变模糊集理论，建立了巢湖流域生态环境综合评价模型。戴新等（2007）根据黄河三角洲湿地生态环境特征，从湿地生态环境、湿地功能、湿地环境质量三个方面建立 14个指标的生态环境评价指标体系，运用 AHP 层次分析法构建评价方法。马治华等（2007）以植被、土壤、气象、人畜为评价因子提出荒漠草原生态环境评价指标体系，对内蒙古荒漠草原 2003—2005 年间的生态环境质量进行了定量评价。姜帆等（2008）选择水土流失、生物多样性、生物丰富度、生物量、植被覆盖率 5 个评价指标，建立了云南省抚仙湖流域旅游规划用地生态环境质量评价指标体系，并利用层次分析法和综合指数法建立了生态环境质量评价方法。张继承（2008）从地形地质条件、自然资源条件、地表水资源、社会经济条件、灾害和破坏 5 个方面建立青藏高原生态环境综合评价指标体系和评价模型，研究从 20 世纪 70 年代到 2000 年 30 年来青藏高原生态环境演变趋势及其退化原因。张建龙等（2009）采用综合指数方法建立绿洲生态环境质量评价指标体系，通过遥感数据提取环境因子，运用 GIS 技术得出评价单元的生态环境质量综合指数，并对石河子垦区绿洲生态环境质量进行了评价。王晓峰等（2010）从水资源、局地气候因素、森林资源、土地资源和社会经济 6 个方面选取 20 个指标，对"南水北调"中线陕西水源区生态环境质量进行评价。张春桂等（2010）利用福建省闽江流域、九龙江流域和晋江流域的 MODIS 数据、气象数据和地形数据，建立三大流域的生态环境质量监测模型，研究分析了福建三大流域生态环境质量的空间分布情况及动态变化趋势。王静雅（2011）从自然环境和社会环境两方面建立了 9 小类 19 个指标组成的渝西地区生态环境质量评价指标体系，并利用层次分析法确定了指标权重，评价结果表明自然条件对渝西地区生态环境质量的空间分异起决定性作用，但社会经济和环境污染等因素同样对生态环境具有重要影响，在某些情况下，甚至可以成为决定因素，并在一定程度上改变生态环境状况的空间格局。王立辉等（2011）以遥感影像为主要数据源，选取水热条件、地形地貌、土地利用和土壤侵蚀等指标，建立生态环境质量综合评价模型，对丹江口库区的生态环境现状进行定量评价。郭朝霞等（2012）采用长时间多源遥感数据评价塔里木河重要生态功能区生态环境质量。

　　在省域尺度生态环境评价研究方面，黄思铭（1998）根据云南省生态资源状况以及农村和城镇人居环境，并结合人口数量和人口质量，建立 33 个指标的云南省生态环境质量评价指标体系。赵跃龙（1998）从引起脆弱生态环境的自然因素和人为因素角度，同时结合脆弱生态环境的表现指标，建立了由 5 个成因指标（水资源、热量资源、干燥度、人均耕地面积、地表植被覆盖度）和 6 个结果表现指标（人均 GNP、农民人均纯收入、人均工业产值、农业现代化水平、恩格尔系数、人口素质）的评价指标体系，对我国 26 个省域生态环境脆弱度进行评价。叶亚平等（2000）从生态环境背景、人类对生态环境的影响程度及人类对生态环境的适宜度需求三个角度，建立了由 13 个指标组成的省域生态环境评价指标体系。周华荣等（2000，2001）根据新疆生态地理条件，以水为主导因子，以县市为基本评价单元，从农田生态子系统、自然生态子系统和人为环境压力子系统三个方面选择 20 个指标建立新疆生态环境指标体系。屠玉麟等（2003）从资源、人口、社会经济、环境破坏四个方面选择 24 个指标建立贵州省生态环境评价指标体系。李洪义等（2006）利用 ETM 影像提取的植被指数、湿度指数、土壤指数、热度指数以及地形数据、水分指标和温度指标 7 个指标建立福建省生态环境评价指标体系。陈彩霞等（2006）基于生态结构、生态功能和生态协调度 3 个方面，利用因子分析、层次分析方法建立了重庆市生态环境评价指标体系和方法。陈涛等（2006）从自然环境、灾害、环境质量和社会经济条件建立四川省生态环境评价指标体系，并采用主成分分析法建立区域生态环境评价模型。樊哲文等（2009）以江西省为例，选取了 15 个反映生态环境脆弱性指标，构建了江西省生态环境脆弱性评价指标体系。赵元杰等（2012）根据河北省平原、山地及坝上高原三个生态区特点，从生态系统状态、自然资源、生物多样性、食物供给、生物灾害和社会经济 5 个方面建立评价指标体系和评价方法。

在县域或村镇尺度生态环境评价方面，周铁军等（2006）以宁夏回族自治区盐池县为例，建立了由 3 个制约层、10 个要素、37 个指标构成的毛乌素沙地县域尺度生态环境综合评价指标体系，并应用层次分析法，评价了盐池县 1991—2000 年间的生态环境质量动态变化状况。曹长军等（2007）以四川井研县为例，从社会、经济和环境三个角度选择 18 个指标建立指标体系，运用层次分析法（AHP）建立县域生态环境质量评价方法。秦伟等（2007）根据陕西省吴起县自然、社会和经济等方面的特点，从社会、经济、自然条件三方面选择 22 个指标建立吴起县生态环境评价指标体系，计算了吴起县 1995—2004 年的生态环境质量指数。李丽等（2008）从自然资源、环境状况和社会经济三个方面筛选 29 个指标构建了小城镇生态环境评价指标体系。潘金瓶（2011）以城乡边界地域居住区生态环境为研究对象，借鉴国内外关于生态居住区评价的相关研究成果，构建城乡边界地域居住区生态环境评价指标体系。从水环境、土环境、气环境、生物环境、生态能源 5 方面对城乡边界地域居住区生态环境进行综合评价。

2006 年，原国家环境保护总局发布了《生态环境状况评价技术规范（试行）》（HJ/T 192—2006），作为我国第一个生态环境质量评价技术规范，在省域、地市级及县域尺度生态环境质量评价中得到广泛应用。钱贞兵等（2007）利用 2000 年和 2004 年安徽省卫星遥感图像解译数据，结合地面调查和统计资料，评价了安徽省 17 个市级行政区生态环境状况及动态；曹爱霞等（2008）应用卫星遥感解译数据和环境统计资料计算了甘肃省 14 个市级行政区的生态环境质量指数。徐昕等（2008）以上海市为例，评价了 2004 年上海市生态环境质量。哈力木拉提等（2009）分析了新疆伊犁地区 2000—2005 年的生态环境质量状况及变化。李莉等（2010）对奈曼旗 2000 年、2005 年实施退耕还林还草工程初期及 5 年后的生态环境进行定量分析和评价，结果表明实施退耕还林还草工程 5 年后，奈曼旗生态环境质量指数的变化幅度为 8.8%，生态环境质量明显改善。刘海江等（2010）利用 2008 年度全国县域生态监测数据，评价了全国县域尺度的生态环境质量状况，分析县域生态环境质量的空间分布格局。结果表明，我国县域生态环境质量以"良"和"一般"为主，占国土面积的 72%；东部地区县域生态环境质量好于中西部地区，中部地区县域生态环境质量以"良"为主，西部地区则以"一般"为主；在空间分布格局上，生态环境质量类型受气候、大的地形地貌影响明显，与重要的气候分界线、山脉分布具有很好的相关性。曹惠明等（2012）以 2005 年和 2009 年山东省遥感解译数据，评价了山东省生态环境质量现状及动态变化趋势。姚尧等(2012)以全国土地利用遥感监测数据及 MODIS 的 NDVI 数据为基础，对 2005 年全国范围进行生态环境评价，结果表明，2005 年全国生态状况整体一般，西部较差，东部较好，有呈阶梯分布的趋势。刘瑞等（2012）基于遥感数据构建生物丰度指数、植被覆盖度指数、水资源密度指数、土壤侵蚀指数和人类活动指数，定量化评价了研究区域的生态环境质量。

目前，生态环境评价已形成了多种评价方法和指标体系，但在以下几方面需要继续深入：①由于研究人员对生态环境的理解或研究目的不同，指标选择或同一指标的权重分配上存在很大的差异，从而有可能导致不同研究者对同一系统评价结果的差异，特别是不同生态环境的评价结果无法进行直接比较。②生态环境的定量评价模型仍需进一步发展。现有的生态环境评价模型都是基于静态的评价模型，侧重于对生态环境的结构、功能、状态的研究，对生态过程变化的评价研究方法极少，而生态环境的管理又必然是对生态过程的调控，因此，动态的生态过程评价模型是今后突破点之一。③生态环境的评价手段仍需提高。随着生态环境评价从结构、功能、状态评价向生态过程评价发展，生态环境评价面对的问题趋于复杂化和综合化，研究对象的时空尺度趋于长期化和全球化，需要一些新的技术手段来支撑生态环境评价。

1.3 国家重点生态功能区研究进展

作为国家主体功能区重要组成部分的国家重点生态功能区，近几年逐渐成为国内学者的关注点，从检索到的文献资料看，2007 年后这方面的研究逐渐增多，研究内容上涉及生态环境评价、生态补偿机制、财政政策、发展模式等方面。

在国家重点生态功能区生态环境评价方面，魏金平等（2009）对甘南黄河水源补给生态功能区（涉及玛曲县、碌曲县、夏河县、卓尼县、临潭县和合作市）的生态脆弱性进行评价，并分析生态环境变化原因。韩永伟等（2010）基于重要生态功能区典型生态服务的概念与内涵，构建了水源涵养、土壤保持、防风固沙、生物多样性维护生态服务评价指标体系，研究认为影响水源涵养功能的主要因子是土壤质地和降水量；影响土壤保持功能的主要因子是植被覆盖度和丰富度指数；影响防风固沙功能的主要因子是植被覆盖度和大风时速；影响生物多样性维护功能的主要因子是植被景观多样性指数。迟妍妍等（2010）以重要生态功能区的沙漠化防治区为例，采用 P-S-R 模型框架，建立了以植被生长、土地覆被、土壤理化性质、土壤侵蚀强度以及人口、社会发展、畜牧压力的生态安全评价指标体系和评价方法。王丹君（2011）以 MODIS 遥感数据为基础对《全国生态功能区划》划定的防风固沙、水土保持、水源涵养、生物多样性维护、洪水调蓄不同类型重要生态功能区的生态功能状况进行评估，建立以自然环境和社会经济两方面的指标体系。张小军（2011）以防风固沙类型县域内蒙古苏尼特右旗为研究区，利用生态服务功能价值量计算等方法，研究了苏尼特右旗草原生态系统各项服务功能的价值量。韩永伟等（2012）利用通用土壤流失方程以及生态服务价值评价的市场价值法、机会成本法和替代工程法等方法，对甘肃陇东黄土高原丘陵沟壑生态功能区的土壤保持功能及其经济价值进行了评估。冯宇等（2013）对呼伦贝尔草原生态功能区 2000—2011 年防风固沙功能重要性进行评价，建立了由植被状况、气候条件、土壤性质和地形因子组成的重要性评价指标体系，认为植被覆盖度是影响防风固沙功能重要性的关键指标。张霞等（2013）运用灰色关联度的 TOPSIS 模型，对秦岭生态功能区 2001—2009 年连续 10 年的水土保持治理效益进行了评价，研究表明在水土保持项目实施初期的三年，水土保持综合效益比较低，随着时间的推移，治理效益逐渐显现。贺晶等（2013）选择浑善达克沙地防风固沙功能区正蓝旗为研究区，通过实地测量研究了不同植被覆盖度下的临界起沙风速，表明植被覆盖是控制土壤风蚀的关键指标，当植被覆盖度在 34% 以上时是防风固沙功能达标区。刘同海等（2013）利用遥感与地面调查相结合的方法，以浑善达克防风固沙区正蓝旗为研究区，研究在不影响防风固沙功能情况下草地资源利用的基线盖度，结果表明正蓝旗草地资源利用基线盖度为 30.47%，并利用地面调查数据验证该结果。巩国丽等（2014）以浑善达克沙漠化防治生态功能区为研究对象，分析了春季草地覆盖度对生态系统防风固沙功能影响。李国平等（2014）基于陕西省 2009—2011 年 37 个国家重点生态功能区县域数据，研究了转移支付资金与县级生态环境质量的关系，认为增加转移支付资金能够促进国家重点生态功能区生态环境质量改善，但是目前这种改善效果较为微弱，与转移支付资金用途上的双重目标以及绩效考核指标未纳入地方政府绩效考核体系等因素有关。孟庆华（2014）基于生态足迹理论与方法，对浑善达克国家重点生态功能区生态承载力进行研究，表明该区域 2012 年生态赤字已经超过其生态承载力，生态保护形势严峻。

国家重点生态功能区的生态补偿机制和财政政策也是研究热点。杨伟民（2008）认为推进主体功能区建设财政政策最为重要，为了保证限制开发区地方政府基本公共服务水平与全国保持一致，要加大对限制开发区的一般性财政转移支付，而且要稳定增长。李鹏等（2008）认为我国优化开发区域和重点开发区域将获得更多的经济发展机会，限制开发区和禁止开发区由于要更多地承担生态功能，必须通过财政转移支付手段，获得大致相同的发展机会。谢京华（2008）也认为在主体功能区建设背景下，限制开发区与禁止开发区会导致标准收入下降和标准支出增加同时出现的局面，财政转移支付政策在主体功能区建设配套政策中非常重要和必要。孔凡斌（2010）基于流域生态补偿理论与方法，对江西赣南东江源水源涵养生态功能区的生态补偿主体及补偿标准进行了分析和测算，建立了流域环境保护与生态建设成本分担模型并测算出流域下游广东省的年分担成本。燕守广等（2010）在分析主导生态功能和生态系统服务空间尺度基础上，探讨了重要生态功能区生态补偿标准的参考依据和生态补偿模式。阳文华等（2010）对国内外水源涵养功能、防风固沙与土壤保持功能区、洪水调蓄功能区及生物多样性保护区等重要生态功能区的生态补偿模式进行综述与分析。蔡国沛等（2010）探讨了限制开发区生态补偿存在的问题，提出了限制开发区实施生态补偿的对策建议。苑涛（2012）以水土保持功能区重庆巫山县为研究区，利用成本法、生态服务价值法等方法研究了水土保持功能生态补偿标准。李杰刚等（2012）对河北省张承生态功能区的生态建设与发展的财政政策等进行了探讨。钟大能（2013）针对国家重点生态功能区建设面临的经济发展、民生改善和生态保护的尖锐矛盾，分析了目前财政转移支付制度存在的缺陷，提出了改进意见和建议。周念平（2013）以怒江流域为例，从立法、管理机制、补偿标准等方面探讨我国重要生态功能区生态补偿机制。贺畅（2013）对建立我国重要生态功能区生态效益补偿的法律保障体系进行研究。杨嵘（2013）探讨了甘肃省国家重点生态功能区转移支付政策实施及发展思路，针对甘肃省国家重点生态功能区县级政府财力及生态环境保护状况，提出应该调整投入结构，加大生态建设投入；强化生态功能区绩效评价；整合各类生态建设专项资金等建议。任世丹（2013，2014）从正当性理论角度分析国家重点生态功能区生态补偿正当性依据，认为行政补偿理论、土地发展权理论及特别牺牲理论可作为正当性依据。同时运用系统学分析方法建立国家重点生态功能区生态补偿关系模型，探讨国家重点生态功能区生态补偿法律机制。沈茂英（2013，2014）探讨了建立国家重点生态功能区农户生态补偿机制，对补偿主体、原则和标准进行分析。以四川藏区为例，分析了目前生态补偿政策的不足，提出构建以当地居民发展能力提升与生态产品持续供给相结合的生态补偿制度。李国平等（2014）针对国家重点生态功能区转移支付制度在提升当地政府的基本公共服务和加强生态环境保护的双重目标，分析了中央和地方国家重点生态功能区转移支付办法，发现存在保护生态环境和提高民生的双重目标与绩效考核指标体系不匹配的问题，认为这也是造成国家重点生态功能区转移支付的保护生态环境目标不能充分实现的重要原因。李国平等（2014）研究了国家重点生态功能区转移支付资金的分配机制，并以陕西省国家重点生态功能区县域数据进行实证分析，发现目前国家重点生态功能区转移支付资金在分配上并未向财力较弱和生态环境质量较差的地区倾斜，反而与县域的财力水平、生态环境质量正相关。吕凯波（2014）以 2012年国家重点生态功能区考核 72 个生态环境质量变化的县域为样本，利用二元统计模型研究生态环境绩效与县级主要领导（书记、县长）晋升的关系，结果表明国家重点生态功能区生态环境绩效与县委书记晋升有显著影响，而对县长晋升无显著影响。吴越（2014）分析了发达国家生态补偿的类型及形式，提出国家重点生态功能区生态补偿机制的建议，即以政府主导和市场主导两种类型为主，重视资金的用途监管与绩效评估，同时要健全相关法律制度。卢洪友等（2014）系统分析我国目前国家重点生态功能区转移支付政策不足，从四个方面提出建立转移支付制度激励约束机制并存的意见和建议。刘政磐（2014）在分析现行国家重点生态功能区转移支付制度不足基础上，提出完善转移支付制度的建议，应更加明确资金使用导向性、完善测算方法以及法律体系建设。

在国家重点生态功能区绩效评估方面，研究重点在于政府绩效评估体系，根据政府承担的职能和提供的公共服务，生态环境保护作为指标体系组成部分。黄海楠（2010）开展了主体功能的政府绩效评估体系研究，根据不同主体功能区定位，从经济发展、社会进步、资源环境、人民生活四方面建立针对不同类型主体功能区的政府绩效评估指标体系。

但受限于指标数据可获得性以及对不同功能区定位理解，指标体系相似度高，未能很好地突出不同主体功能类型的绩效评估目标和导向。郭培坤（2011）从环境准入、污染防治、生态补偿、环境经济和环境绩效考核 5 方面对主体功能区的环境政策体系进行研究，认为针对不同主体功能区应建立差别化的政策。张睿（2012）基于主体功能区角度研究了黑龙江省财政支出绩效评估方法和指标体系，从财政支出总量、财政支出结构、财政调控方面建立指标体系，对黑龙江省的重点开发区、限制开发区和禁止开发区的财政支出绩效开展实证研究。潘军训（2012）从政府绩效评估角度研究限制开发区地方政府绩效评估指标体系，指标体系由基本指标和专有指标构成，其中基本指标包括行政管理、社会稳定、公共服务和生态环境四个方面。何立环等（2014）研究国家重点生态功能区转移支付绩效评估指标体系，从县域生态环境质量表征建立指标体系，以生态环境质量动态变化作为资金使用效果的评价依据。

在国家重点生态功能区区域发展模式、产业结构方面。洪富艳（2010）针对我国生态功能区治理实际，研究将发达国家得到认可的环境公共治理引入我国政府主导的治理模式中，构建政府主导—利益相关者参与治理模式。葛少芸（2010）以甘肃甘南黄河重要水源涵养生态功能区为例，从草地承包制度设计、草地可持续利用技术、牧业生产方式转变（游牧到定居舍饲）等方面探讨了如何落实草畜平衡制度，维持和改善草原生态服务功能。裴芳（2011）研究了限制开发区主导产业选择的评价指标体系，并以吉林省抚松县进行实证。宋立等（2013）对贵州安顺"镇关紫"限制开发区的生态功能定位和经济发展模式进行了分析和探讨，本着经济与生态双赢的前提下，提出了发展特色生态农业、特色旅游业、开发流域水电以及加大区域扶贫开发工作力度等发展经济的建议。张晓玲（2013）以国家重点生态功能区防风固沙类型的宁夏海原县为研究区，分析了区域发展影响因素以及回族生活方式价值取向等对发展的作用，提出了类似少数民族限制开发区社会经济发展对策建议。徐宁（2013）以桂黔滇喀斯特石漠化防治生态功能区贵州省 9 县域为例，从社会—经济—人口角度分析了该区域存在问题以及转变经济发展方式的途径。陈映（2013）探讨了我国西部限制开发区域的产业政策，认为西部限制开发区应该发展资源可承载的特色产业，引导和鼓励产业向条件较好的区域聚集，对妨碍主体功能的产业有序退出等。孟庆华（2013）以甘南黄河水源涵养区为研究区，探讨了国家重点生态功能区中生态用地规划对策与思路。闫喜凤等（2014）根据国家重点生态功能区的森林生态功能，认为生态移民是国家重点生态功能区的重点工作之一，探讨了生态移民中地方政府的角色定位和责任。肖碧微等（2014）研究了藏北高原国家重点生态功能区县域人口迁移与城镇化格局的关系，分析了 2000—2012 年间人口迁移率、城镇化发展状况。仲俊涛等（2014）运用生态经济位理论对宁夏限制开发区的县域 2005 年和 2010 年的社会生态位、经济生态位、环境生态位和生态经济位变化情况进行分析和探讨。李宝林等（2014）认为近些年尽管国家投入大量财力、物力对国家重点生态功能区进行生态保护，但是区域生态保护、经济发展、民生改善的矛盾依然突出，生态环境监管不足，需要从生态保护修复技术方法、基础设施建设及配套政策制定多方面努力，确保国家重点生态功能区生态屏障功能发挥。

1.4　生态环境评价一般流程

生态环境由于自身的复杂性及区域差异性，同时由于不同人的认识或关注角度的不同，导致生态环境评价难以建立被广泛认可的评价指标体系、模型或标准。但开展生态环境评价存在一般的流程，即需要经过哪些过程或步骤，才能完成一个生态环境评价过程。

首先是确定评价对象或评价目标，即需求分析。由于生态环境的内涵和外延比较丰富，评价类型多样，常见的有生态系统健康评价、稳定性评价、脆弱性评价、服务功能评价、承载力评价等。因此，生态环境评价不能为了评价而评价，必须事先明确评价具体需求，确定评价对象、评价时空尺度以及评价所要反映的内容或问题。从应用角度看，生态环境评价应该为生态环境管理服务，帮助管理者认识生态环境现状及变化趋势，为管理决策提供科学客观的依据。在需求分析阶段需要管理者的积极参与，明确管理需求，制定明确的评价目标。

其次是建立评价指标体系。在需求明确以后，需要建立评价指标体系，生态环境复杂性、多样性和空间差异性，再加上人类活动导致的各种生态破坏和环境污染问题相互交织在一起，指标体系筛选是复杂而重要的技术环节，直接决定评价结果能否达到预期目的，真实反映生态环境质量状况。指标体系筛选需要遵循特定原则，选择最能体现评价目标的指标，另外指标数据的可操作性和数据可获得性也需要重点关注，是决定评价能否达到预期目的的关键所在。

再次是建立评价方法和评价标准。一般包括 3 个技术环节，即确定指标权重系数、构建评价模型、建立评价标准。指标构权上既有基于专家知识的主观赋权方法，也有基于数理统计的客观赋权方法，理想的方法是主客观赋权法相结合。目前生态环境评价模型比较多，既有简单易懂的线性加权综合模型，也有诸如人工神经网络、灰色关联等复杂模型。在生态环境评价中，如果不是专门研究评价模型，应该选择易于理解而且知道整个评价过程的评价模型，复杂模型往往对数据统计特征有要求，而生态环境数据有时候不符合统计特征，例如水、空气等污染物介质中可能由于污染导致某项污染物浓度很高，该数据在统计中可能会被作为异常值或离群数据被剔除掉。评价标准是衡量和表征一个区域生态环境状况或生态环境问题严重程度的尺子和准绳，是环境管理决策直接需要的结果，评价标准的划定对评价工作很重要，评价标准可以参照已有相关研究成果或者通过定量方法如统计聚类确定，一般需要进行详细的测算。

最后是评价方法应用与改进。评价方法建立以后，需要开展应用并分析评价结果。为了使评价方法得到更广泛的应用，需要在不同空间范围和时间序列上进行应用，通过不同区域和长时间序列数据的评价，能够发现评价方法的不足之处并不断改进，这样建立的评价方法才具有生命力，才能为生态环境管理决策服务，体现生态环境评价的价值。

第 2 章
国家重点生态功能区县域生态环境评价指标研究

2.1 国家重点生态功能区生态环境特征

2.1.1 防风固沙功能区生态环境特征

防风固沙类型的国家重点生态功能区主要分布在我国北方干旱、半干旱草原、荒漠草原及荒漠气候区，行政区域上主要涉及内蒙古和新疆两个省份，从东到西依次有内蒙古呼伦贝尔草原草甸生态功能区、科尔沁草原生态功能区、浑善达克沙地沙漠化防治生态功能区、阴山北麓草原生态功能区和新疆的阿尔金山荒漠化防治生态功能区和塔里木河荒漠化防治生态功能区。该区域覆盖了我国北方温带半干旱草原带的主要沙地，分别为呼伦贝尔沙地、科尔沁沙地、浑善达克沙地沙地。相对干旱的气候条件，在强劲风力特别是冬春季节大风作用下，沙质的土壤基质非常容易发生风蚀沙化。

塔里木河荒漠化防治功能区位于新疆南疆塔克拉玛干沙漠的西部区域，依靠塔里木盆地周围天山、昆仑山的冰川雪水融汇而成的我国最大内流河塔里木河，在极端干旱的塔克拉玛干沙漠形成了绿色生态走廊。地表林草植被覆盖是抵御风沙活动的关键因素，植被一方面能在沙质地表能形成土壤层，土壤黏粒以及根系生物作用的腐殖质形成覆盖在沙基质之上的保护壳，保护粗疏的沙基质不被侵蚀；另外植被覆盖能够显著增加地表粗糙度，地表粗糙度随植被盖度的增加呈幂函数增加，粗糙度增加改变了近地表气流动能及风速梯度，降低了风速，从而使得近地表风速达不到促使沙粒发生移动的速度，达到防风固沙的效果。土壤风蚀量与植被覆盖和土地利用的相关性最高，其中与植被覆盖的相关性最高，随着植被覆盖度的增加，土壤风蚀量显著降低。

人类活动诸如农业发展、矿产资源开采、城镇建设、畜牧业等是造成植被退化从而引发风蚀沙化的重要因素。耕地、城镇建设等直接改变地表景观的人类活动导致草原植被的消失而引发风蚀沙化，如果保护措施不到位，会在短期内形成风蚀沙化源，在强烈风力作用下，会形成区域性的沙尘天气，对环境空气和人群健康造成重要影响。此外，农业生产的面源污染以及工业发展带来的污染物排放都会对区域空气、水环境造成影响。同时这些区域地表水资源比较有限，工农业发展主要依靠地下水源，地下水过度超采会导致水位下降，自然植被由于水位降低而出现退化。

2.1.2 水土保持功能区生态环境特征

水土保持功能的国家重点生态功能区包括黄土高原丘陵沟壑水土保持生态功能区、大别山水土保持生态功能区、桂黔滇喀斯特石漠化防治生态功能区和三峡库区水土保持生态功能区。四个区域具有不同的气候特征，相比之下黄土高原区处于半干旱和半湿润易旱区，气候条件相对较差，其余三个区域都处于亚热带气候区，降水充沛，气候条件较好。

黄土高原是我国水土流失最严重的地区，长期的人类开发活动导致天然植被几乎全部消失，旱作农业以及坡地开垦，导致水土流失严重，区域生态环境非常脆弱；同时该区域也是我国重要的能源工业基地，煤炭、石油储量丰富，煤炭、石油开采以及相关工业发展又带来环境污染问题，该生态功能区既面临着自然生态环境脆弱带来的水土流失问题，也面临着能源资源开发带来的环境污染，同时，还面临着旱作农业带来的面源污染问题，多种生态环境问题交织在一起。

其余三个功能区均位于我国南方亚热带气候区，降水充沛，自然环境优越，自然资源丰富，是我国生态环境最好的地区之一，同时也是我国人口稠密地区，人地矛盾突出，区域开发强度大。粮食生产、陡坡开垦或林地采伐、经济林、用材林大面积占用天然林等不合理的农林牧生产和土地利用方式，再加上区域充沛降水量大特别是暴雨频繁的情况下，降水强力侵蚀地表土壤造成严重的水土流失，造成了区域土薄、肥少、持水性差，生态系统出现退化。此外区域内工农业生产及生活排放的污染物对区域生态环境也有重要影响。

植被覆盖是控制水土流失的关键因素，植被可以拦截降雨，减弱降雨对地表土壤的冲击强度，同时植物的枯枝落叶在地表形成凋落物层，能够吸收雨水，有效抑制地表径流的形成；在松柏人工林的实验表明，树冠能够减弱降雨动能的 16%～40%，灌木草本层可削弱降雨总动能的 44%，枯枝落叶层不仅能够削弱总动能的 9%左右，还可以将林冠层和灌木草本层的降雨动能全部削减掉。植物根系对土壤起到固持作用，能够减小地表径流的冲刷侵蚀能力，有效防止面蚀、沟蚀的形成和发展。不同土地利用方式也是影响土壤侵蚀的重要因素，在对小麦、高粱、休耕地与原生草地的土壤侵蚀量对比研究表明，小麦地的土壤侵蚀量为 1 200 kg/hm²，高粱地的土壤侵蚀量为 2 700 kg/hm²，休耕地的土壤侵蚀量为 1 700 kg/hm²，而原生草地的土壤侵蚀量几乎微不足道。

2.1.3 水源涵养功能区生态环境特征

水源涵养功能的国家重点生态功能区包括大小兴安岭森林生态功能区、长白山森林生态功能区、阿尔泰山山地森林草原生态功能区、三江源草原草甸生态功能区、若尔盖草原湿地生态功能区、甘南黄河重要水源补给生态功能区、祁连山冰川与水源涵养生态功能区、南岭山地森林及生物多样性生态功能区，均位于我国重要江河源头区和重要水源补给区。水源涵养功能区分布在不同生态地理区域，大小兴安岭和长白山森林生态功能区位于我国温带湿润区域，分别属于寒温带和中温带气候，大小兴安岭的寒温带明亮针叶林是欧亚大陆北部泰加林的南延，建群树种为耐寒的兴安落叶松，该区域尽管森林覆盖率高，但是森林群落组成贫乏，结构简单，基本为单优势种纯林，局部有樟子松纯林，间或混生少量白桦、山杨等小叶阔叶树种，林下灌木层密集，以兴安杜鹃为主。该区域 20 世纪 60 年代以来是我国主要木材产地，重采伐轻造林，超采严重，森林资源蓄积量严重下降；21 世纪以来国家实施天然林保护工程，对森林实施严格的保护，但是森林生态系统的恢复需要相当时间；此外由于农业开发导致湿地沼泽萎缩，只种不养造成黑土层出现退化。长白山森林生态功能区是我国中温带湿润区生物群落的典型区，具有该气候带最为完整的垂直分布的生态系统，从低海拔的红松阔叶混交林、山地中部的针叶林、山地上部的白桦林到山顶的高山苔原带。代表性的植被类型是针叶和落叶阔叶混交林，居寒温带针叶林和暖温带落叶阔叶林之间的过渡类型，具有很高的生物多样性，也是我国重要的生物多样性分布区，该区域生态环境问题和大小兴安岭森林生态功能区类似，二者曾经都是我国重要木材产地，大规模采伐使得原始森林资源大幅度减少，形成了以蒙古栎、山杨、白桦为主的次生林。

三江源、若尔盖以及甘南黄河重要水源补给生态功能区位于我国青藏高原区高寒气候区，植被以高寒草原、高寒荒漠草原为主，畜牧业是主导经济，人口密度低，自然环境恶劣，生存条件严酷，草地面积广但覆盖度、载畜能力较低。独特的气候条件蕴育了独特的生物种群，是我国乃至世界上重要的生物多样性区域，具有极高的保护价值。

阿尔泰山山地森林生态功能区和祁连山冰川与水源涵养生态功能区两个区域所处的地带气候为干旱荒漠气候，由于阿尔泰山和祁连山高大山地的地形效应形成了植被垂直带谱，其基带为干旱荒漠，随着海拔上升，湿润度增加，出现山地草原、山地森林、亚高山灌丛草原、高山草甸、高山荒漠以及冰雪带的垂直带谱，这些山地是干旱区地表径流的重要水源涵养区，是干旱荒漠绿洲的命脉所在。

南岭山地森林与生物多样性生态功能区属于亚热带的中亚热带气候，降水充沛，常绿阔叶林是地带性植被类型。区域水资源丰富，河网密布，径流主要由降雨补给，因此降雨的季节变化决定径流年内分配，总体特点是春季河川径流比较丰富，秋季受台风影响也能形成较多的径流量，但是与北方河流相比，全年径流量比较平稳。该区域人口稠密，人类活动对自然生态系统的扰动较大，原生植被的退化容易引发水土流失，会出现红壤"劣地"。

2.1.4　生物多样性维护功能区生态环境特征

生物多样性维护功能的重点生态功能区包括川滇森林及生物多样性生态功能区、秦巴生物多样性生态功能区、藏东南高原边缘森林生态功能区、藏西北羌塘高原荒漠生态功能区、三江平原湿地生态功能区、武陵山区生物多样性及水土保持生态功能区和海南岛中部山区热带雨林生态功能区。与水源涵养功能区类似，生物多样性功能区也是分布在不同气候区。川滇森林及生物多样性生态功能区位于我国西南山地，位于青藏高原东部边缘山地，以喜马拉雅山东缘和横断山北段、南段为核心，主要分布在四川西部和云南西北部地区，原始森林和野生珍稀动植物资源丰富，是大熊猫、羚牛、金丝猴等重要物种的栖息地。藏东南高原边缘森林生态功能区位于青藏高原东南边缘，印度洋暖湿气流到达喜马拉雅南坡同时沿着雅鲁藏布江河谷逆向而上，形成了亚热带气候植被，是世界生物多样性中心之一，是印度—马来区系、中国—喜马拉雅区系和中亚区系三大生物区域的交汇处，是世界上难得的自然物种基因库之一，具有很高的生物多样性。同时该区域人口密度低，交通条件不便利，自然生态系统得到很好保护，是我国仅次于东北的第二大森林资源富集区。藏西北羌塘高原荒漠生态功能区位于青藏高原西北部羌塘高寒荒漠地带，干旱、寒冷的气候条件形成了独特的生物多样性，植被由超旱生的垫状灌木、垫状或莲座状草本植物为主。生存环境严酷，人烟稀少，基本为无人区，生态环境原生性很好。

秦巴生物多样性生态功能区位于秦岭大巴山脉，秦岭是重要的地理分界线，是传统意义上我国南北方的地理分界线，是亚热带和温带气候分界线，北亚热带最北界。秦巴山地是我国重要林区之一，有许多珍贵树种和珍稀动物，素有中华"医药宝库"之称，有中药材2 000多种。该区域降水相对丰富，水资源丰富；人口密集，耕地资源有限，山地土层薄，粮食产量低，自然植被破坏后由于山高坡陡，降水集中，容易引发水土流失、泥石流。

三江平原生物多样性生态功能区位于我国东北黑龙江东部三江平原，居中温带气候区，是我国著名的沼泽化低地平原，由黑龙江、乌苏里江和松花江冲积而成，以河漫滩和阶地为主要地貌类型。三江平原是众多野生动物的栖息地，生物多样性保护地位十分重要。同时由于该区土壤肥沃，地势平坦，水资源丰富，非常适合农业开发，目前已经成为重要的水稻产区，沼泽湿地开垦使得野生动物栖息地萎缩和破碎化，另外农业发展带来的面源污染也不容忽视。

海南岛中部山地热带雨林生态功能区位于海南岛，属于季风热带气候，地带性植被为热带季雨林，全年皆夏、旱季较短、降雨充沛，生物多样性极为丰富，而且还有许多特有物种，生物多样性保护价值极高。该功能区主要问题是原始森林遭到破坏，生境破碎化严重，次生林、经济林及经济作物占用了大面积的原始季雨林。

2.2　区域生态环境表征指标分析

生态环境质量由于不同人的认识角度、关注重点不同而存在不同理解，鉴于目前存在的这些认识或理解上的多样性，因此有必要对区域生态环境的表征指标进行分析，这也是开展生态环境评价的前提条件。

尽管对生态环境质量存在不同理解和认识，但是也存在一个基本的判别基准。正如十八大报告中提出要建立"生产空间集约高效、生活空间宜居适度、生态空间山清水秀，……要给子孙后代留下天蓝、地绿、水净的美好家园"。这段通俗易懂的报告是对生态环境状况的一个形象而具体的解读，也是普通公众对生态环境质量的一个共性认识和判断标准。

《全国主体功能区规划》对国家重点生态功能区的规划目标和考核评价也提出具体要求，比如生态服务功能增强，水质、空气质量改善，生物多样性得到保护、生态退化得到遏制、宜林区森林覆盖率提高等；在开发格局上强调局部开发、面上保护，具有开敞的生态空间；形成环境友好的产业结构，污染物排放得到有效控制等。在绩效考核中，要求建立生态保护优先的考核体系，重点考核资源消耗、环境保护等，不考核地区生产总值和工业发展目标。

概括起来，表征区域生态环境质量的指标主要包括以下3个方面：①优良的环境质量，主要表现为"天蓝"、"水净"，地表自然河流水质维持在一定水平，河流生态功能没有丧失；关键的地表水体如饮用水水源地得以严格保护，保证水质安全；县城建成区和重点城镇等人口密集区环境空气质量维持在良好水平；此外还应具有良好的土壤环境；②有活力的生态系统。主要表现为"地绿"，森林、草地、水域湿地等自然生态组分占相当比例，区域开发建设强度保持适度，具有开敞的生态空间，这是构成区域生态环境的本底，也是区域生态系统服务功能得以发挥的基础。③较好的污染治理水平。主要表现在各种来源的污染物排放得到有效控制，具有必要的环境基础设施，城镇生活污水、生活垃圾得到有效处理，工业企业污染物排放达标率维持在较高水平，区域污染负荷维持在合理的水平。

因此，区域生态环境质量好与坏可以从环境质量、生态系统组成结构与功能、污染治理等方面来构建指标体系。

2.3　评价指标筛选

指标体系是生态环境质量评价的基础和关键环节，科学、合理、可行的指标体系直接关系到评估结果的准确性和可靠性，也直接影响科学决策的精准性。选择评价指标是个复杂的过程，需要考虑并协调不同主体的要求，特别是管理者或目标使用者的需求。

在指标体系建立中，一般有资料驱动和理论驱动两种途径，其中资料驱动的指标体系主要根据能够获得的数据资料为基础，确定指标体系，该方法确定的指标体系具有可操作性，通常具有比较好的数据资料积累，比如各生态环境业务部门在日常业务工作中形成的长时间序列的监测数据，数据延续性比较好，一般都经过规范化的质控措施，不足之处是受制于数据采集所限，指标体系可能不够全面，代表性欠缺。基于理论驱动的指标体系，一般从生态系统基础理论角度出发，如生态系统结构、功能、格局、过程、能量流动、物质循环、信息传递等基础理论，从每个方面都选择代表性的指标，确定的指标体系相对科学且全面，但存在的问题是一方面某些特征难以找到直接表征指标，另一方面部分指标数据可能难以获得，导致评价指标体系不可用，无法业务化应用。

常用的指标筛选方法有频度分析法和专家咨询法。频度分析法也称作文献分析法，根据具体的评价对象或评价目的，搜集国内外公开发表或出版的相关度较高的研究论文、书籍等文献资料，对使用的评价指标进行统计分析，筛选使用频度较高和代表性较强的指标作为评价指标，构建指标体系。专家咨询法是根据具体的评价对象或评价目的，咨询国内相关领域一定数量的专家，各专家从各自的视角提出对指标类型及重要性的看法，综合各专家咨询意见，确定指标体系。为了使得专家咨询意见更为集中，在咨询前，一般提供一个评价指标初集，该指标集包涵的指标类型、数量都比较多且全面，专家在指标初集的基础上根据经验知识筛选出认为比较重要的关键的指标，然后综合专家意见确定指标体系。一般情况下，在指标体系筛选过程中，为了使得指标体系更具科学性、合理性和可操作性，往往上述两种方法综合使用，首先使用频度分析法，确定指标筛选范围；再采取专家咨询法，确定具体的评价指标。

在评价指标筛选准则方面，重点关注五个方面，即"CREAM"准则（乔迪等著，梁素萍等译，2011 年）。分别为：

清晰性（Clear）指所选择的指标概念清晰明了而不模糊，指标可以是定性的也可以是定量的，但定性指标可能存在主观判断而影响最终评价结果的客观性，在指标体系建立初期建议以定量指标为主。

相关性（Relevant）也可叫做代表性，所选指标要与评价目标或对象密切相关，能够代表评价对象某方面特征或状态。

经济性（Economic）所选指标在数据获取方面所耗费的人力、物力、财力要可承受。

充足性（Adaquate）也可称作全面性，所选指标尽可能覆盖评价对象的各个方面或角度。

可监测性（Monitorable）也可称作可操作性，所选指标数据在现行技术条件下能够获得，而且应该基于已经成熟应用的且得到行业专家公认的技术手段。

2.3.1　指标筛选原则

2.3.1.1　科学性与代表性原则

生态环境的综合性、复杂性以及区域差异性决定了其表征指标多而复杂，因此所选评价指标要具有代表性，选择最能反映生态环境质量特征的指标，避免评价指标太多带来信息交叉和冗余；同时指标要具有明确的意义或清晰的概念，尽可能选用或执行国家、部门已发布的标准或规范，不使用概念不清或尚未形成统一认识的指标。

2.3.1.2　可操作性与可比性原则

评价指标所需数据在现有技术条件下能够获得，特别是在县级行政单元上能够获得，多采用诸如遥感提取、统计、环境监测、行业部门权威发布的数据，可操作性是决定评价指标体系适用性的关键因素。同时，由于生态环境变化比较缓慢，保护效果体现一般需要较长时间序列的数据，因此评价指标数据在时间上的连续性和可比性也非常重要。

2.3.1.3　围绕主体功能区规划

指标体系还要考虑到《全国主体功能区规划》以及有关部门制定相关政策的要求，要围绕全国主体功能区规划对国家重点生态功能区的规划目标和绩效考核要求筛选确定指标体系，诸如区域生态服务功能增强，生态环境质量改善；严格控制各类开发活动，强化集约化开发，集中建设，形成点状开发、面上保护的空间结构，保证林地、草地、水域湿地等生态空间面积不减少；形成环境友好型的产业结构，污染物排放得到控制，排放总量减少；实行生态保护优先的绩效评价，重点考核区域空气、水质质量，林地、草地、水域等生态空间组成类型的质量和数量、生物多样性保护状况，弱化对工业化、城镇化相关经济指标的考核，不考核地区生产总值、投资、工业、农产品生产、财政收入和城镇化率等指标。

2.3.1.4　体现生态功能差异性原则

水源涵养、水土保持、防风固沙和生物多样性维护不同类型国家重点生态功能区，其在自然生态条件、环境本底状况、人类活动行为等方面存在差异，需要根据生态功能类型建立差别化的指标体系，体现生态功能类型的差异性。

2.3.1.5　以县域为评价基本空间单元

在我国环境保护管理体制中，县级属于最基层的生态环境保护责任主体，承担着各种生态环境保护制度、政策的执行和自然资源、生态环境保护和管理。在指标选择中要立足于能表征县域尺度的生态环境状况的指标，同时兼顾数据资料可获得性，比如某些指标数据特别是统计调查指标，可能会存在县域层面的统计指标与更高层级行政单元的统计指标不一致的情况。

2.3.2　指标体系组成

根据指标筛选原则，综合采用文献分析法、频度分析法和专家咨询法，研究构建了基于县级空间尺度的国家重点生态功能区县域生态环境评价指标体系。指标体系由三部分组成，即自然生态指标、环境质量指标、污染负荷指标。

2.3.2.1　自然生态指标

区域自然生态状况是维持社会经济发展的基础，也是人类社会生存发展的基本条件，自然生态指标反映区域自然生态状况，表征一个区域生态环境禀赋。一个区域中，不同类型生态系统其生态效应不同，林地、草地、沼泽、湿地具有较高的生态服务价值，在涵养水源、防风固沙、土壤保持、生物多样性维护方面具有重要功能，是区域生态服务的主要提供者。而沙地（漠）、盐碱地、退化土地则属于不好的生态系统类型，只会降低区域生态系统的服务功能，因此，林地、草地、水域湿地在区域中所占的比例是反映生态环境质量的重要组成要素，表征区域自然生态空间特征。另外，体现人类活动的生态类型也值得关注，因为人类活动对生态系统的影响已远远超过生态系统自然演变，人类活动主要体现为耕地开垦以及城镇、工矿、道路等各种建设用地，表征人类对自然生态系统的干扰程度，对区域生态环境状况有重要影响。

生态系统结构和功能是紧密联系的，除上述体现区域生态系统组成的结构性指标外，还需要表征区域生态功能状况的综合性指标，综合性指标可作为区分不同生态功能类型的特征性指标。对于水土保持和防风固沙功能类型，二者均属于土壤侵蚀范畴，只不过水土保持是由于水蚀引起的土壤侵蚀，而防风固沙是由于风蚀引起的土壤侵蚀，许多研究表明区域植被覆盖状况是影响土壤侵蚀的关键因素，因此，针对这两种生态功能类型选择植被覆盖指数作为功能指标。对于水源涵养功能类型，林地、草地、沼泽湿地是构成区域水源涵养能力的主要生态类型，利用这三种生态类型在区域中所占比例来构建水源涵养综合指数。生物多样性分为遗传多样性、物种多样性、生态系统或景观多样性几个层次，在生物多样性测度上，遗传多样性不好测度，物种多样性建立在区域动植物物种普查基础上，往往由于数据原因而难以计算生物多样性指数，而在景观层次上可通过遥感影像来提取区域景观生态类型，因此可通过区域林地、草地、水域湿地、耕地等景观生态类型的分布来构建表征区域生物多样性丰富程度综合性指数。

2.3.2.2 环境质量指标

在组成生态系统的环境要素中，水、土、气是最主要的三个要素，也是被人们所普遍关注的三个环境要素，因此，环境质量指标主要选择水、土、气方面的指标。

水质指标选择Ⅲ类或优于Ⅲ类水质达标率，按照现行地表水水质评价标准，当水质在Ⅲ类或Ⅲ类以上时，河流、湖泊等地表水体的生态功能能够得以维持，因此将该指标作为地表水环境质量的评判标准，达标率越高表示区域水环境质量越好。空气质量指标选择优良以上空气质量达标率，按照现行空气质量评价标准及有关规定，二级或二级以上空气质量属于良好级别。土壤是环境质量的重要组成部分，土壤污染状况日益受到多方面的关注，自"六五"以来，国家相继开展了土壤专项性调查工作，如土壤环境背景值和环境容量专项调查研究，菜篮子基地、污灌区及有机食品基地专项调查，特别是"十一五"期间，开展了全国土壤污染状况专项调查，但是相关调查结果及数据至今未公布。土壤环境质量的业务化监测目前尚未建立覆盖全国的土壤监测网，无法获得数据，因此尽管土壤质量很重要，限于数据原因，目前无法纳入评价指标体系。

2.3.2.3 污染负荷指标

对一个区域来说，二氧化硫、化学需氧量等主要污染物的排放负荷是表征区域环境综合管理水平的体现，包括生活源、工业源、农业源等不同的排放源，能够综合反映区域在污染治理、产业结构优化、绿色发展方面所取得的成效。因此，二氧化硫、化学需氧量等污染物的排放强度作为污染治理成效的综合指标。此外，另外一个与环境管理密切的指标为污染源排放达标率，通过环境监测技术手段获得，对企业排放的废水、废气中主要污染物或特征污染物是否符合相关排放标准，是体现企业环境治理成效的表征指标。

2.3.3 指标体系结构

国家重点生态功能区县域生态环境质量评价指标体系由自然生态、环境状况两类指标构成，其中自然生态指标又进一步分为生态功能分指数、生态结构分指数和生态扰动分指数；环境状况指标又分为污染负荷分指数、环境质量分指数（表 2-1）。

生态功能分指数包括水源涵养指数、生物丰度指数和植被覆盖指数，分别用于表征不同生态功能类型，体现不同生态、功能类型的差异性。生态结构分指数包括林地覆盖率、草地覆盖率、水域湿地覆盖率；生态扰动分指数包括耕地和建设用地比例。污染负荷分指数包括二氧化硫排放强度、COD 排放强度、污染源排放达标率；环境质量分指数包括Ⅲ类及优于Ⅲ类水质达标率和优良以上空气质量达标率（表 2-1）。

生态功能分指数体现不同生态功能类型的差异，属于特征指标，用于表征水源涵养、水土保持、防风固沙和生物多样性维护四种不同生态功能类型，其中水源涵养指数作为水源涵养功能类型的特征指标，综合表征区域生态系统水源涵养功能状况；植被覆盖指数作为水土保持和防风固沙功能特征指标，综合表征区域生态系统在固土持水方面的功能，生物丰度指数作为生物多样性维护功能的特征指标，根据区域生态类型组成计算获得，综合表征区域生物多样性状况。

表 2-1　国家重点生态功能区县域生态环境质量评价指标体系

一级指标	二级指标			指标意义及说明
自然生态指标	特征指标	生态功能分指数	水源涵养指数	水源涵养功能特征指标,综合表征区域水源涵养功能强弱
			生物丰度指数	生物多样性维护功能特征指标,综合表征区域生物多样性维护功能
			植被覆盖指数	防风固沙和水土保持功能特征指标,综合表征区域生态系统固土持水功能强弱
	共同指标	生态结构分指数	林地覆盖率	表示区域生态系统组成结构及所占比例,体现生态系统活力,表征区域生态空间大小
			草地覆盖率	
			水域湿地覆盖率	
		生态扰动分指数	耕地和建设用地比例	表征人类活动对区域自然生态的扰动,也体现生产空间的集约程度
环境状况指标		污染负荷分指数	二氧化硫排放强度	表征区域产业结构和污染治理成效,体现区域生产活动集约高效程度
			化学需氧量排放强度	
			污染源排放达标率	
		环境质量分指数	III类及优于III类水质达标率	表征区域主要地表径流、环境空气质量状况,体现生活空间的宜居程度
			优良以上空气质量达标率	

共同指标为四种生态功能区所共用,其中自然生态指标有林地覆盖率、草地覆盖率、水域湿地覆盖率和耕地和建设用地比例四个指标,林地、草地、水域湿地是表征区域生态系统活力状况的关键指标,体现区域绿色生态空间情况。耕地和建设用地比例表征人类社会经济活动对自然生态空间的占用情况,体现生产空间的集约程度。环境状况指标如二氧化硫排放强度、化学需氧量排放强度和污染源排放达标率三个指标,能综合表征一个行政单元内生活、工业、农业生产过程中各种污染物排放强度,体现区域社会经济生产活动集约高效,产业结构是否合理。III类及优于III类水质达标率和优良以上空气质量达标率是区域环境质量状况优良与否的表征指标,体现区域主要地表径流水环境是否具有良好的生态功能;优良以上空气质量达标率表示区域主要城镇等人口集中区域的空气质量状况,体现生活空间的宜居程度。

2.3.4　指标含义

(1)林地覆盖率:指县域内林地(有林地、灌木林地和其他林地)面积占县域国土面积的比例。林地是指生长乔木、竹类、灌木的土地,以及沿海生长的红树林的土地,包括迹地;不包括居民点内部的绿化林木用地,铁路、公路征地范围内的林木以及河流沟渠的护堤林。有林地是指郁闭度大于 0.3 的天然林和人工林,包括用材林、经济林、防护林等成片林地；灌木林地指郁闭度大于 0.4、高度在 2 m 以下的矮林地和灌丛林地；其他林地包括郁闭度为 0.1～0.3 的疏林地以及果园、茶园、桑园等林地。

（2）草地覆盖率：指县域内草地（高覆盖度草地、中覆盖度草地和低覆盖度草地）面积占县域国土面积的比例。草地是指生长草本植物为主的土地，包括灌丛草地和郁闭度小于 0.1 的疏林草地。高覆盖度草地是指植被覆盖度大于 50%的天然草地、人工牧草地及树木郁闭度小于 0.1 的疏林草地。中覆盖度草地是指植被覆盖度 20%～50%的天然草地、人工牧草地。低覆盖度草地是指植被覆盖度 5%～20%的草地。

（3）水域湿地覆盖率：指县域内河流（渠）、湖泊（库）、滩涂、沼泽地等湿地类型的面积占县域国土面积的比例。水域湿地是指陆地水域、滩涂、沟渠、水利设施等用地，不包括滞洪区和已垦滩涂中的耕地、园地、林地等用地。河流（渠）是指天然形成或人工开挖的线状水体，河流水面是河流常水位岸线之间的水域面积。湖泊（库）是指天然或人工形成的面状水体，包括天然湖泊和人工水库两类。滩涂包括沿海滩涂和内陆滩涂两类，其中沿海滩涂是指沿海大潮高潮位与低潮位之间的潮浸地带，内陆滩涂是指河流湖泊常水位至洪水位间的滩地；时令湖、河流洪水位以下的滩地；水库、坑塘的正常蓄水位与洪水位之间的滩地。沼泽地是指地势平坦低洼，排水不畅，季节性积水或常年积水以生长湿生植物为主地段。

（4）耕地和建设用地比例：指耕地（包括水田、旱地）和建设用地（包括城镇用地、农村居民地及其他建设用地）面积之和占县域国土面积的比例。耕地是指耕种农作物的土地，包括熟耕地、新开地、复垦地和休闲地（含轮歇地、轮作地）；以种植农作物（含蔬菜）为主，间有零星果树、桑树或其他树木的土地；平均每年能保证收获一季的已垦滩地和海涂；临时种植药材、草皮、花卉、苗木的耕地，以及临时改变用途的耕地。水田是指用于种植水稻、莲藕等水生农作物的耕地，也包括实行水生、旱生农作物轮作的耕地。旱地是指无灌溉设施，靠天然降水生长的农作物用地；以及有水源保证和灌溉设施，在一般年景能正常灌溉，种植旱生农作物的耕地；以种植蔬菜为主的耕地，正常轮作的休闲地和轮歇地。建设用地是指城乡居民地（点）及城镇以外的工矿、交通等用地。城镇用地是指大、中、小城市及县镇以上的建成区用地；农村居民点是指农村地区农民聚居区；其他建设用地是指独立于城镇以外的厂矿、大型工业区、油田、盐场、采石场等用地以及机场、码头、公路等用地。

（5）植被覆盖指数：综合反映区域植被覆盖程度，通过区域内林地、草地、耕地、建设用地及未利用地等土地生态类型面积综合加权获得。

（6）生物丰度指数：综合反映区域内生物物种的丰贫程度，根据区域内林地、草地、耕地、水域湿地等不同生态类型对生物物种多样性的支撑程度进行加权获得。

（7）水源涵养指数：综合反映区域生态系统水源涵养功能强弱的指标，根据区域内林地、草地及水域湿地综合加权获得。

（8）二氧化硫排放强度：指县域单位国土面积所排放的二氧化硫（SO_2）质量，单位：千克/平方千米。

（9）化学需氧量排放强度：指县域单位国土面积所排放的化学需氧量（COD）质量，单位：千克/平方千米。

（10）污染源排放达标率：指县域内主要污染源排放达到相应排放标准的监测次数占全年监测总次数的比例。在污染源的一次监测中，所有排污口的所有污染物浓度均符合排放标准限值时，则该污染源本次污染物排放浓度达标；如有一项污染物浓度超过排放标准限值，则该污染源该次监测不达标。污染源排放执行地方或国家的行业污染物排放（控制）标准，暂时没有针对性排放标准的企业，可执行地方或国家颁布的污染物综合排放标准，具体监测项目由监督管理的环境保护部门确定。

（11）Ⅲ类或优于Ⅲ类水质达标率：指县域内所有经认证的水质监测断面中，符合Ⅰ～Ⅲ类水质的监测次数占全部认证断面全年监测总次数的比例。

（12）优良以上空气质量达标率：指县域城镇空气质量优良以上的监测天数占全年监测总天数的比例。

2.3.5　指标计算方法

按照各评价指标的概念和意义，自然生态指标和环境状况指标所包括二级指标的计算方法见表 2-2。自然生态指标中，林地覆盖率、草地覆盖率、水域湿地覆盖率、耕地和建设用地比例四个指标直接通过相应的生态系统类型面积计算获得。植被覆盖指数、生物丰度指数和水源涵养指数三个指标是综合性指标，由林地、草地、水域湿地等生态类型通过综合加权获得，综合表征一个空间区域生态功能状况。环境状况指标中，二氧化硫、化学需氧量和固废排放数据利用环境统计数据获得；污染源排放达标率、Ⅲ类及优于Ⅲ类水质达标率、优良以上空气质量达标率通过环境监测获得。

表 2-2　国家重点生态功能区县域生态环境质量评价指标计算方法

指标名称	计算方法
林地覆盖率	林地覆盖率=县域内林地面积/县域面积×100%
草地覆盖率	草地覆盖率=县域内草地面积/县域面积×100%
水域湿地覆盖率	水域湿地覆盖率=（河流面积+湖库面积+滩涂面积+沼泽面积）/县域面积×100%
耕地和建设用地比例	耕地和建设用地比例=[耕地（水田、旱地）面积+建设用地（城镇用地、农村居民地及其他建设用地）面积]/县域面积×100%
植被覆盖指数	植被覆盖指数= A×[0.38×（0.6×有林地面积+0.25×灌木林地面积+0.15×其他林地面积）+0.34×（0.6×高盖度草地面积+0.3×中盖度草地面积+0.1×低盖度草地面积）+0.19×（0.7×水田面积+0.30×旱地面积）+0.07×（0.3×城镇建筑用地面积+0.4×农村居民地面积+0.3×其他建筑用地面积）+0.02×（0.2×沙地面积+0.3×盐碱地面积+0.3×裸土地面积+0.2×裸岩面积）]/县域面积，A=458.5
生物丰度指数	生物丰度指数= A×[0.35×（0.6×有林地面积+0.25×灌木林地面积+0.15×其他林地面积）+0.21×（0.6×高盖度草地面积+0.3×中盖度草地面积+0.1×低盖度草地面积）+0.11×（0.6×水田面积+0.40×旱地面积）+0.04×（0.3×城镇建筑用地面积+0.4×农村居民地面积+0.3×其他建筑用地面积）+0.01×（0.2×沙地面积+0.3×盐碱地面积+0.3×裸土地面积+0.2×裸岩面积）+0.28×（0.1×河流面积+0.3×湖库面积+0.6×滩涂面积）]/县域面积，A=511.3

指标名称	计算方法
水源涵养指数	水源涵养指数=A×[0.45×（0.1×河流面积+0.3×湖库面积+0.6×沼泽面积）+0.35×（0.6×有林地面积+0.25×灌木林地面积+0.15×其他林地面积）+0.20×（0.6×高盖度草地面积+0.3×中盖度草地面积+0.1×低盖度草地面积）]/县域面积，A=526.7
二氧化硫排放强度	SO_2排放强度= SO_2排放量（kg）/县域面积（km^2）
化学需氧量排放强度	COD排放强度=COD排放量（kg）/县域面积（km^2）
污染源排放达标率	污染源排放达标率=县域内污染源监测达标总次数/县域内污染源全年监测总次数×100%
III类及优于III类水质达标率	水质达标率=认证断面达标频次之和/认证断面监测总频次×100%
优良以上空气质量达标率	空气质量达标率=空气质量优良天数/全年监测总天数×100%

2.4 指标体系分析

指标体系分析主要针对指标体系的科学性和合理性，从三方面分析，一是从生态系统理论角度分析指标组成的全面性；二是指标体系与《全国主体功能区规划》规划目标、绩效考核要求等的符合程度；三是指标可操作性分析。

2.4.1 理论基础分析

根据生态系统生态学理论，生态系统由生物与非生物要素组成，即生物群落与环境条件（也称作生物要素与环境要素）相互作用形成。生物群落主要指动、植物群落，其中植物群落是生态系统能量流动和物质循环的驱动因素，环境要素包括水、空气（气候）和土壤。因此从生态系统组成来看，完整的生态环境指标体系应该包括组成生态系统的生物要素和环境要素。在本书指标体系中，既有林地、草地、水域湿地等表征生物要素的指标，也有水、空气等表征环境要素的指标。

在生态环境评价中，人类活动不可忽视，由于人类高级智能生物的主观能动性和创造性已极大地改变了自然生态系统格局和生态过程，成为影响生态系统变化的不可忽略的因素，人类活动对生态系统的改变速度大大超过了生态系统自然变化过程。2000年，诺贝尔化学奖得主保罗·克鲁岑指出我们居住的地球已经进入一个新的地质时期，即"人类世"。人类自工业革命以来短短两三百年科技发展已经成为地球上对其生存环境影响最大的唯一物种。我国生态学家马世俊先生在20世纪80年代初提出了社会—经济—自然复合生态系统理论，也是基于人类对地球生态系统的格局、过程、功能的巨大改变和影响，强调生态系统生态学研究不能把人类活动排除在外。因此生态环境评价研究体现人类活动的影响是必不可少的。在本书指标体系中，也充分考虑到了人类社会经济活动对生态环境的影响，比如耕地和建设用地比例、二氧化硫排放强度、化学需氧量排放强度、污染源排放达标率几个指标均是体现人类活动这方面的，其中耕地和建设用地比例是体现人类生产、生活活动对自然生态景观的影响；其余三个指标主要体现人类经济活动对环境造成的压力或胁迫。

2.4.2　与《全国主体功能区规划》的符合程度

《全国主体功能区规划》对限制开发的国家重点生态功能区的规划目标、绩效考核归纳为以下几方面：

（1）区域生态服务功能增强，生态环境质量改善，如地表水水质、环境空气质量得到改善；草原退化得到遏制，宜林地区森林覆盖率提高，野生动植物物种得到有效保护。

在指标体系中，表征区域生态服务功能主要是特征指标，如水源涵养指数、生物丰度指数和植被覆盖指数；表征环境质量的指标有Ⅲ类或优于Ⅲ类水质达标率和优良以上空气质量达标率；表征林草自然生态指标有林地覆盖率和草地覆盖率。

（2）在开发管制方面要严格控制各类开发活动，城镇布局要强化集约化开发，集中建设，形成点状开发、面上保护的空间结构，保证林地、草地、水域湿地等生态空间面积不减少。

在指标体系中，体现空间开发程度的指标是耕地和建设用地比例，体现生态空间的指标是林地覆盖率、草地覆盖率和水域湿地覆盖率。

（3）产业发展方面形成环境友好型的产业结构，污染物排放得到控制，排放总量减少。

在指标体系中，体现产业结构、污染物治理的指标有二氧化硫排放强度、化学需氧量排放强度、污染源排放达标率三个指标，二氧化硫和化学需氧量排放量包括生活、工业和农业各种来源污染物排放量，综合体现产业结构、社会经济发展等。污染源排放达标率是区域内主要工业点源能够达标排放废水、废气情况，具体体现污染治理成效。

（4）实行生态保护优先的绩效评价，重点考核区域空气、水质质量，林地、草地、水域等生态空间组成结构的质量和数量、生物多样性保护状况，弱化对工业化、城镇化相关经济指标的考核，不考核地区生产总值、投资、工业、农产品生产、财政收入和城镇化率等指标。

指标体系主要从生态功能、生态结构、生态扰动、环境质量、污染负荷等角度设立指标体系，没有涉及工业化、城镇化、地区生产总值、投资、财政收入方面的指标。

从上述分析可以看出，所选择的指标体系符合《全国主体功能区规划》对限制开发的国家重点生态功能区的规划、绩效考核等有关要求。

2.4.3　可操作性分析

指标体系的可操作性包括指标数据的可获得性、经济性和连续性特征。任何具有生命力的指标体系，便于推广使用是其主要特征，而且指标数据获取上比较经济，同时最好能保证数据在一定时期内能够连续获得。

本书指标体系中，自然生态指标中林地、草地、水域湿地、耕地、建设用地等表征区域生态组成，在现有的技术条件下比较容易获得，均可以通过遥感影像提取，而特征指标如植被覆盖指数、生物丰度指数和水源涵养指数均从林地、草地、水域湿地、耕地和建设用地等土地生态类型综合活动。生态类型遥感解译是目前生态遥感应用中最为成熟的领域，同时，遥感技术经过几十年的快速发展，特别是国内外遥感对地观测卫星的不断增多，遥感影像的获取成本日益降低，目前国际上以美国 LANDSAT 系列卫星为代表的中等空间分辨率遥感卫星数据已经实现了全球免费共享。同时我国近年对地观测卫星也是快速发展，发射了一系列资源环境卫星，比如中等空间分辨率的环境卫星 HJ-1A/1B，以及高分辨率的中巴 02C、资源 3 号以及高分对地观测卫星，在国内基本都是低成本分发甚至对特定行业用户免费共享，遥感影像的低成本保证了生态类型解译能形成连续时间序列数据，同时在财力上可以承受。

　　其他指标诸如二氧化硫、化学需氧量排放数据，作为国家环境统计的一项内容，每年国家环保部门都会统一进行核算，形成国家环境统计数据。污染源排放达标率、III类或优于III类水质达标率和优良以上空气质量达标率等数据均来源于我国环境监测部门例行业务工作，这均为环境监测部门主要业务领域，不论在数据连续性上还是数据质量方面都有保障。因此，本指标体系具有很好的操作性，指标数据在目前技术条件下均可获得，而且都有较长时间序列的数据储备。

第 3 章
国家重点生态功能区县域生态环境评价方法研究

3.1 生态环境常用评价方法

生态环境质量评价是根据特定的目的，选择科学合理可行的评价指标和方法，对生态环境的优劣程度进行定性或定量的分析和判断。随着研究的不断深入和相关技术的发展，生态环境质量的定量化评价越来越得到重视，发展出许多评价方法。常用方法主要有以下几种。

3.1.1 综合指数法

综合指数法是以一个无量纲数值定量表征某个区域或空间单元的生态环境质量状况，各评价指标数据经标准化处理后与其对应的权重系数通过数学模型综合获得。最常见的综合指数法为线性加权综合指数法，可表示为：

$$I = \sum_{i=1}^{n} w_i \cdot x_i$$

式中，I——生态环境质量综合指数值；

x_i——评价指标数据标准化处理后的数值；

w_i——评价指标对应的权重系数。

综合指数法将多个评价指标通过数学模型综合形成一个无量纲数值，并按照分级标准确定评价对象生态环境状况的优劣，该方法评价结果简单明了，便于管理者使用和公众理解；不足之处是对评价对象内部特征体现不足，需要单独说明。

3.1.2 模糊评价法

模糊评价法基于模糊数学基本原理，对各评价指标给予单因素评价评语的一种方法，这个评语把单个指标与生态环境质量的高低关系用 0~1 之间连续值中的某一个数值来表示。该方法根据模糊数学的隶属度理论把定性评价转为定量评价，具有评价结果清晰，系统性强的特点，可以较好地解决难以量化的问题，适合于解决各种非确定性的难以定量化的生态环境评价问题。

隶属度函数是模糊评价法的关键内容，表示从属或隶属于某一状态的程度，该状态对应的数值就是极值。若有 m 个评价对象、n 个评价指标的实测值为 C_{mn}，对照评价指标的标准第 k 等级的"极值"，C_{mn} 属于该极值的程度称为"隶属度 μ_{jk}"。当采用单极值时，若以 Z 表示综合评价指数，$Z \in [0,1]$，以 W 表示权向量，$W = (w_1, w_2, \cdots, w_n)$，$n$ 为评价指标个数，则：

$$\sum_{i=1}^{n} w_i = 1$$

μ 表示隶属度向量，$\mu = (\mu_1, \mu_2, \cdots, \mu_n)$，$\mu_i$ 表示第 i 项指标实测值对相应极值的隶属度，则：

$$Z = W \cdot \mu$$

Z 即为综合评价值向量，取其最大值即为综合评价结果。

隶属度函数是模糊评价的基础，目前隶属度函数的确立尚未建立成熟有效的方法。常用的方法有模糊统计法、例证法、专家经验法和二元对比排序法。隶属度函数图形分布形式通常有正态型、Γ 型、渐上型、戒上型（适用于成本型指标）、戒下型（适用于效益型指标）四种曲线形式。

模糊评价法主要步骤分为：①根据评价目的，建立评价指标体系，形成评价指标数据集，同时，根据每个评价指标的生态环境质量标准，建立评价标准集合；②建立隶属度函数，确立隶属度，建立模糊矩阵；③建立评价指标的权重集合；④建立模糊综合评价模型，该模型为评价指标权重集合与模糊矩阵的乘积，生成综合评价矩阵，然后根据最大隶属度确定生态环境质量等级。

3.1.3　主成分分析法

主成分分析（Principal Components Analysis，PCA）也称主分量分析，是利用降维的思想，在损失信息尽可能少的前提下把多个指标转化为几个综合指标的多元统计方法，通常把转化生成的指标称为主成分。在生成的各个主成分中，每个主成分是原始变量的线性组合，且各个主成分之间互不相关。主要步骤为：

（1）指标数据的标准化

采用合适的标准化方法对评价指标的原始数据进行标准化处理，形成标准化后的评价指标数据，一般以矩阵形式表示。

（2）对数据矩阵进行主成分变换，获得每个主成分的特征根和特征向量，假设有 n 个评价指标，经主成分变换后，可求得 n 个主成分，以及 n 个特征根 λ_i（i=1，2，$\cdots$，n）和特征向量 L_i（$L_i = l_1$，l_2，$\cdots$，l_n）。

（3）求累积方差贡献率，确定主成分个数

经过主成分变换后，生成的主成分个数等于原始的指标个数。主成分分析目的是通过尽量少的主成分代替原来的多指标信息。一般以主成分的方差累积贡献率来确定选用的主成分个数，当 k 个主成分的方差累积贡献率超过 85%时，则认为这 k 个主成分已经完全能够代替原数据的信息量。这 k 个主成分表示为：

$$F_1 = a_{11}X_1 + a_{21}X_2 + \cdots + a_{n1}X_n$$
$$F_2 = a_{12}X_1 + a_{22}X_2 + \cdots + a_{n2}X_n$$
$$\vdots$$
$$F_k = a_{1k}X_1 + a_{2k}X_2 + \cdots + a_{nk}X_n$$

其中，a_{ij} 表示第 i 个指标在第 j 个主成分中的系数，即第 i 个指标对第 j 个主成分的贡献。

利用线性公式，可以计算出每个主成分的值 F_i（$i=1$，2，$\cdots$，k）；同时每个主成分的权重可用其相应的方差贡献率表示为：

$$\left. \lambda_i \middle/ \sum_{i=1}^{k} \lambda_i \right.$$

则，基于主成分分析的评价模型可表示为：

$$I = \sum_{i=1}^{k} \left(\lambda_i \middle/ \sum_{i=1}^{k} \lambda_i \right) F_i$$

3.1.4　人工神经网络评价法

人工神经网络（Artificial Neural Network，ANN）是一种模仿人脑结构及其功能的信息处理系统，是由大量简单的神经元广泛地互相连接而形成的复杂网络系统，反映人脑功能的许多基本特征，是一个高度复杂的非线性系统。人工神经网络由几部分组成：①神经元结构模型，神经元是神经网络的基本处理单元，也叫节点，一般表现为多输入和单输出的非线性器件；②网络拓扑结构，拓扑结构是指神经元彼此连接的方式，神经元互联模式种类繁多，最基本的是前馈网络和反馈网络。③神经网络的训练，在神经网络构建以后，需要在输入样本的作用下不断调整网络的连接权值以及拓扑结构，达到网络的输出结果不断接近期望的输出，使网络获得满意的系统性能。当神经网络训练好了以后，就可以应用于正常的工作阶段。

人工神经网络可以应用于多指标综合评价，目前，BP 网络模型（前向神经网络，Back Propagation Neural Network）的应用最广泛。该神经网络是一个多层网络，由输入层、隐层和输出层三个层次构成，同层的神经元互不相连，相邻层的神经元通过权值连接，当信息从输入层进入网络后，会传递到第一层隐层节点，一直往下传递（隐层可以不止一层），最终传至输出层进行输出。输出层的输出结果可以有一个，也可以有多个（图 3-1，图 3-2）。

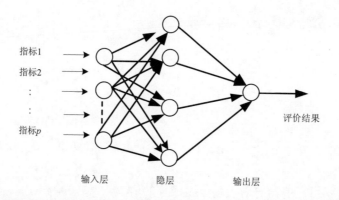

图 3-1   单一评价结果输出的 BP 网络模型

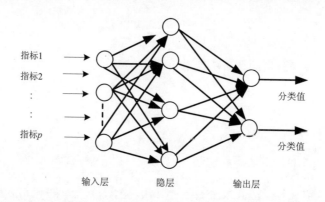

图 3-2   多个评价结果输出的 BP 网络模型

BP 神经网络综合评价的一般过程如下：

3.1.4.1   训练模型

对网络中各神经元之间的连接权值初始化，输入学习样本信息经输入层和隐层的神经元逐层处理，正向传输到输出层输出结果；将网络的期望输出与实际输出之间的误差信号，沿正向传播的连接通路由输出层经隐层反向传播到输入层，并按照一定的规则逐层修正各神经元的连接权值和阈值，通过这种正向传播和逆向传播的反复交替，使得网络的实际输出值逐渐逼近期望输出值，当误差小于预先设定的允许误差时，网络的学习训练结束。

3.1.4.2   利用训练完毕的神经网络进行生态环境质量综合评价

假定根据 n 个评价指标对某一区域的生态环境质量进行评价，同时生态环境质量可以划分为 N 个等级，则基于 BP 神经网络的评价过程为：

（1）对评价区域所有评价指标的数据进行标准化处理，获得神经网络的输入向量。

（2）将输入向量输入到神经网络中，得到一个输出向量。由于生态环境质量划分为 N 个等级，神经网络的输出向量是一个 N 元组，且 N 元组当中的 N 个元素分别对应于 N 个等级，对输出向量进行归一化，在 N 个元素中，哪个元素的数值最大，即表示该区域的生态环境质量属于哪个等级。

3.1.5　灰色关联评价法

灰色系统理论于 20 世纪 80 年代提出并发展，该理论认为人们对客观事物的认识具有广泛的灰色性，也就是信息的不确定性和不完全性，因此客观事物所形成的是一种灰色系统。灰色关联分析是灰色系统理论中用来进行系统分析、评估和预测的方法，是一种多因子统计分析方法，根据因子序列的几何相似程度来分析和确定因子间的影响程度或因子对主行为的贡献的一种测度。

灰色关联分析一般包括以下步骤：

3.1.5.1　根据评价对象特征，确定反映评价对象的参考数列和比较数列

参考数列（也称为母系列）是反映评价对象特征的序列，比如各评价指标的最优值或相关标准值可以作为参考序列；比较数列由评价指标在不同评价对象上的实际值构成。

3.1.5.2　数据标准化

对比较数列的数据进行标准化处理，消除指标间数据量纲等方面的差异。一般可以采用以参考数列为基点（假定为最大值）的标准化方法，因为参考数列都是各评价指标的最优值或相应的标准值。这样比较序列的所有数据都处理为介于 0～1 之间的无量纲数据。

3.1.5.3　计算指标值的差数列，获得最大差和最小差

参考数列和比较数列进行比较获得差数列：

$$\Delta_{0i}(k) = \left| x_0(k) - x_i(k) \right|$$

式中，$\Delta_{0i}(k)$——绝对差值数列；

　　　　$x_0(k)$——参考数列；

　　　　$x_i(k)$——比较数列。

同时在绝对差值数列 $\Delta_{0i}(k)$ 中，确定 Δ_{max} 和 Δ_{min}，即为最大差和最小差。

3.1.5.4　计算关联系数

对绝对差值数列中的数据进行如下变换：

$$\xi_{0i}(k) = \frac{\Delta(min) + \rho\Delta(max)}{\Delta_{0i}(k) + \rho\Delta(max)}$$

式中，ρ——分辨率系数，在 0～1 内取值，其意义是削弱最大绝对差值太大引起的失真，提高关联系数之间的差异显著性，一般取 $\rho=0.5$。

变换后获得关联系数矩阵：

$$\begin{bmatrix} \zeta_{01}(1), \zeta_{02}(1), \cdots, \zeta_{0n}(1) \\ \zeta_{01}(2), \zeta_{02}(2), \cdots, \zeta_{0n}(2) \\ \vdots \\ \zeta_{01}(N), \zeta_{02}(N), \cdots, \zeta_{0n}(N) \end{bmatrix}$$

3.1.5.5　计算关联度，排列关联序

比较数列和参考数列的关联程度是通过 N 个关联系数来反映的，对于每个评价单位，通过将 N 个关联系数进行评价，即可获得关联度。

$$r_{0i} = \frac{1}{N}\sum_{k=1}^{N}\zeta_{0i}(k)$$

对比较数列与参考数列的关联度从大到小排序，关联度越大，说明比较序列与参考序列的态势越一致，该单位与最优目标值最接近。

3.2　国家重点生态功能区县域生态环境评价方法

3.2.1　评价模型

根据各种常用生态环境质量评价模型特点，国家重点生态功能区县域生态环境质量评价选择综合指数法，以 EI 表示县域生态环境质量状况，计算公式为：

$$\text{EI} = w_{\text{eco}}\text{EI}_{\text{eco}} + w_{\text{env}}\text{EI}_{\text{env}}$$

式中，EI_{eco}——自然生态指标值；

　　　w_{eco}——自然生态指标的权重；

　　　EI_{env}——环境状况指标值；

　　　w_{env}——环境状况指标的权重。

EI_{eco}、EI_{env} 分别由各自的二级指标加权获得。

自然生态指标值：

$$\text{EI}_{\text{eco}} = \sum_{i=1}^{n}w_i \times X_i'$$

环境状况指标值：

$$\text{EI}_{\text{env}} = \sum_{i=1}^{n}w_i \times X_i'$$

式中，w_i——二级指标权重；

　　　X_i'——二级指标标准化后的值。

3.2.2　指标权重

3.2.2.1　常用指标赋权方法

在生态环境评价中，评价指标权重是影响评价结果的重要因素之一。目前，评价指标权重确定方法较多，大体上可以分为三类，即主观赋权法、客观赋权法以及主客观相结合综合赋权法。主观赋权法主要依据专家经验知识或在此基础上采用一定的数学方法获得评价指标的权重，常见的方法有层次分析法、德尔菲法、直接赋权法等；客观赋权法通常在

评价指标数据的基础上，采用数学变换方法获得指标的权重过程，常见方法有主成分分析法、信息熵等。综合赋权法将主客观赋权法综合使用。

（1）层次分析法赋权

层次分析法（Analytic Hierarchy Process，AHP）是美国匹兹堡大学的运筹学家 T.L.Saaty 教授于 20 世纪 70 年代创立的一种多准则决策方法。该方法把复杂的决策问题表示为一个有序的递阶层次结构，通过比较判断不同指标在不同准则及总准则之下的相对重要性量度，从而对指标的重要性进行排序。

该方法是一种定性与定量相结合的方法，分为四个步骤：

①建立层次结构

根据对问题的研究，将其分解为不同的元素并按各元素之间的相互影响和作用以不同的层次将所有元素进行分类，每一类作为一个层次，按照最高层、若干中间层和最低层的形式排列，标明上下层元素之间的联系，从而形成一个多层次的结构。

②构造判断矩阵

评价指标间通过两两重要性程度之比的形式表示出两个方案的相应重要性程度等级。在某一准则下，对其下的各指标两两对比，并按其重要性程度评定等级，然后按两两比较结果构成的矩阵称作判断矩阵。一般采用 9 个重要性等级的度量方法，在评价指标的两两对比中，若二者同等重要，则赋值 1；若一个比另一个稍微重要，则赋值 3；若一个比另一个较强重要，则赋值 5；若一个比另一个强烈重要，则赋值 7；若一个比另一个极端重要，则赋值 9；若在上述两个标准之间折中时，则赋值 2，4，6，8。

③层次单排序及其一致性检验

根据判断矩阵计算本层次对上一层次某一元素有联系的元素的相对重要性的排序权重值，称之为层次单排序。同时，对于判断矩阵需要判断其一致性，通过计算一致性指标 CI 和一致性比 CR，如果 CR<0.10，则说明判断矩阵具有满意的一致性，否则需要重新调整判断矩阵，直至具有满意的一致性为止。

④层次总排序

对个单层元素排序结果进行归纳、计算和总结，得到针对目标层所有元素的重要性权值。

（2）主成分分析法赋权

主成分分析（Principal Components Analysis，PCA）也称主分量分析，是利用降维的思想，在损失很少信息的前提下把多个指标转化为几个综合指标的多元统计方法，通常把转化生成的综合指标称之为主成分。在生成的各个主成分中，每个主成分是原始变量的线性组合，且各个主成分之间互不相关。

在多指标评价中，该方法可用于计算评价指标的权重系数。主要步骤为：

①指标数据的标准化

采用合适的标准化方法对评价指标的原始数据进行标准化处理，形成标准化后的评价指标数据，一般以矩阵形式表示。

②对数据矩阵进行主成分变换，获得每个主成分的特征根和特征向量

假设有 n 个评价指标，经主成分变换后，可求的 n 个主成分，以及 n 个特征根 λ_i（$i=1$,

2，…，n）和特征向量 L_i（$L_i=l_1$，l_2，…，l_n）。

③求累积方差贡献率，确定主成分个数

经过主成分变换后，生成的主成分个数等于原始的指标个数。主成分分析目的是通过尽量少的主成分代替原来的多指标信息。一般以主成分的方差累积贡献率来确定选用的主成分个数，当 k 个主成分的方差累积贡献率超过 85%时，则认为这 k 个主成分已经完全能够代替原数据的信息量。这 k 个主成分表示为：

$$F_1=a_{11}X_1+a_{21}X_2+\cdots+a_{n1}X_n$$
$$F_2=a_{12}X_1+a_{22}X_2+\cdots+a_{n2}X_n$$
$$\vdots$$
$$F_k=a_{1k}X_1+a_{2k}X_2+\cdots+a_{nk}X_n$$

其中，a_{ij} 表示第 i 个指标在第 j 个主成分中的系数，即第 i 个指标对第 j 个主成分的贡献，它与该主成分对应方差的贡献率 S_j 组合即可获得第 i 个指标的权重值。

$$W_i=\sum_{j=1}^{k}\left|a_{ij}\right|\cdot S_j$$

④对指标权重值进行归一化处理，即可获得每个评价指标的权重

$$W_i'=\frac{W_i}{\sum_{i=1}^{n}W_i}$$

（3）德尔菲法

德尔菲法（Delphi Method）也称作专家调查法，是 20 世纪 60 年代由美国兰德公司首先用于预测领域。该方法采用匿名发表意见的方式，专家之间互相不联系，只能与调查人员联系，通过多次调查专家对问卷所提问题的看法，经过反复征询、归纳、修改，最后汇总成专家一致的看法，作为预测的结果。

德尔菲法可用于生态环境评价指标权重确定，针对评价目标，筛选确定评价指标体系，同时确定咨询专家，一般选择相关领域内有学科代表性的权威专家，人数在 8～20 人左右为宜；专家接到相关材料后，根据评价目标确定每个评价指标对生态环境影响的重要性，并对评价指标进行排序及赋权；调查者收到专家的反馈信息，并进行归纳整理，对于分歧较大的评价指标，分别说明排序依据和理由（根据专家意见，但不注明哪个专家的意见），然后再咨询专家。一般经过三轮或四轮反复，专家意见基本达到一致。

（4）直接赋权法

这种方法是根据研究者的直觉判断，直接分配给每一个评价指标以重要性程度量值的一种定权方法。在分配权重时，采用比例的方式，假设有 n 个评价指标，其权重比值表示为：r_1：r_2：r_3：r_4：r_5：…：r_n；在此基础上，计算每个评价指标的相对比例系数，即为权重：

$$w_i=r_i\Big/\sum_{i=1}^{n}r_i$$

例如，一个生态环境评价案例中，评价指标由"环境质量"、"生态状况"、"人口压力"、"污染物排放负荷"四个指标构成。研究者凭直觉认为它们在整个评价体系中的重要性程度的比值关系为：1：3：4：2，则四个指标的相对权重为 0.1、0.3、0.4 和 0.2。

直接赋权法优点是简便，缺点是随意性比较大，比较适用于评价指标比较少的情形。如果评价指标比较多，研究者对指标间重要性的比较能力会大幅度降低，权重的随意性会大幅度提高，从而导致得出的权重其合理性将大打折扣。

（5）熵权系数法

熵（Entropy）来源于热力学，表示不能用来做功的热能。在信息论中，信息是系统有序程度的一个度量，熵是系统状态不确定性（即无序程度）的一种度量，信息量越大，不确定性就越小，熵也越小，反之，信息量越小，不确定性越大，熵也越大。

系统熵可以表达为：假设一个系统可能处于多种不同的状态，每种状态出现的概率为 p_i（i=1，2，…，m）时，则系统的熵表示为：

$$e = -\sum_{i=1}^{m} p_i \ln p_i$$

在 $p_i = 1/m$（i=1，2，…，m）时，即各种状态出现的概率相等时，熵取最大值，为：$e_{\max} = \ln m$。在信息熵的公式可看出：如果某指标的信息熵越小，表明指标值的变异程度越大，提供的信息量越人，在评价中所起的作用越大，其权重也应越大；反之，如果某指标的信息熵越大，表明指标值的变异程度越小，提供的信息量越小，在评价中所起的作用越小，其权重也越小。因此可以根据各评价指标值的变异程度，通过计算熵来确定指标权重。

熵权系数法的步骤如下：

假设有一个由 m（i=1，2，…，m）个评价单元，n（j=1，2，…，n）个评价指标构成的原始数据矩阵：$R=(r_{ij})\ m \times n$。

评价指标数据的标准化处理。把评价指标数据矩阵进行标准化处理为无量纲的数据。

计算第 j 个指标下第 i 个项目的指标值的比重 p_{ij}

$$p_{ij} = r_{ij} \bigg/ \sum_{i=1}^{m} r_{ij}$$

计算第 j 个指标的熵值 e_j

$$e_j = -k \sum p_{ij} \ln p_{ij}；\ 其中, k = 1/\ln(m)$$

计算第 j 个指标的熵权 w_j

$$w_j = \frac{1 - e_j}{\sum_{j=1}^{n}(1 - e_j)}$$

熵权法相对主观赋权法而言，客观性更强，但是该方法要求有一定量的样本数据才能使用，而且熵权与指标值本身大小关系十分密切，因此只适用于相对评价。

3.2.2.2　本书指标赋权方法

本书指标权重采用综合赋权法确定，主要步骤如下：先通过主成分分析法确定每个指标的初步权重；在初步权重基础上，采用德尔菲法确定最终权重，由 9 位熟悉生态环境评价的专家对指标权重进行调整，最终获得评价指标权重系数。

在指标权重系数中，重点关注两个方面，一是突出区域自然生态环境的重要性，国家重点生态功能区之所以重要主要由于其生态系统对周边区域生态环境有重要防护或屏障功能，区域生态类型组成及空间格局对生态功能发挥有重要影响，四种生态功能类型中自然生态一级指标权重均高于环境状况指标，其中水源涵养和生物多样性维护两种类型自然生态和环境状况权重分别为 0.60 和 0.40；防风固沙和水土保持两种类型自然生态和环境状况权重分别为 0.70 和 0.30（表 3-1）。二是指标权重突出不同生态功能类型的差异，防风固沙和水土保持两种类型，自然生态状况即植被覆盖状况是决定区域生态功能的关键要素，与另外两种生态功能类型相比，更加突出自然生态指标权重；在二级指标权重中，权重差异主要体现在自然生态指标所包含的二级指标，而环境状况所包含的二级指标权重均一致。在水源涵养类型中主要突出具备水源涵养功能的组分如林、草、水域湿地的权重，这三种类型主要表征区域绿色生态空间所占比例，也是表征区域生态功能强弱的指标；在生物多样性维护功能类型中，重点突出林地的权重，一般认为林地具有更高的生物多样性，能为更多的动物提供栖息地和食物。对于防风固沙和水土保持两种类型，分属于风蚀和水蚀不同动力的土壤侵蚀类型，林、草、水域湿地等具备良好生态功能组分的权重要大一些，同时也更加突出生态扰动指标即耕地和建设用地比例的权重，这与该两种生态功能区生态环境密切相关，本身脆弱的自然生态系统大面积开垦，容易造成土壤侵蚀，减弱生态防护功能（表 3-1）。

表 3-1　评价指标权重系数表

功能类型	一级指标	权重	二级指标		权 重
水源涵养	自然生态指标（EI_{eco}）	0.6（w_{eco}）	生态功能分指数	水源涵养指数	0.26
			生态结构分指数	林地覆盖率	0.22
				草地覆盖率	0.22
				水域湿地覆盖率	0.20
			生态扰动分指数	耕地和建设用地比例	0.10
	环境状况指标（EI_{env}）	0.4（w_{env}）	污染负荷分指数	SO_2 排放强度	0.30
				COD 排放强度	0.25
				污染源排放达标率	0.10
			环境质量分指数	III类及优于III类水质达标率	0.20
				优良以上空气质量达标率	0.15
生物多样性维护	自然生态指标（EI_{eco}）	0.6（w_{eco}）	生态功能分指数	生物丰度指数	0.26
			生态结构分指数	林地覆盖率	0.25
				草地覆盖率	0.20
				水域湿地覆盖率	0.17
			生态扰动分指数	耕地和建设用地比例	0.12
	环境状况指标（EI_{env}）	0.4（w_{env}）	污染负荷分指数	SO_2 排放强度	0.30
				COD 排放强度	0.25
				污染源排放达标率	0.10
			环境质量分指数	III类及优于III类水质达标率	0.20
				优良以上空气质量达标率	0.15

功能类型	一级指标	权重	二级指标		权重
防风固沙	自然生态指标 （EI$_{eco}$）	0.7 （w_{eco}）	生态功能分指数	植被覆盖指数	0.24
			生态结构分指数	林地覆盖率	0.22
				草地覆盖率	0.20
				水域湿地覆盖率	0.20
			生态扰动分指数	耕地和建设用地比例	0.14
	环境状况指标 （EI$_{env}$）	0.3 （w_{env}）	污染负荷分指数	SO$_2$ 排放强度	0.30
				COD 排放强度	0.25
				污染源排放达标率	0.10
			环境质量分指数	III类及优于III类水质达标率	0.20
				优良以上空气质量达标率	0.15
水土保持	自然生态指标 （EI$_{eco}$）	0.7 （w_{eco}）	生态功能分指数	植被覆盖指数	0.23
			生态结构分指数	林地覆盖率	0.24
				草地覆盖率	0.22
				水域湿地覆盖率	0.18
			生态扰动分指数	耕地和建设用地比例	0.13
	环境状况指标 （EI$_{env}$）	0.3 （w_{env}）	污染负荷分指数	SO$_2$ 排放强度	0.30
				COD 排放强度	0.25
				污染源排放达标率	0.10
			环境质量分指数	III类及优于III类水质达标率	0.20
				优良以上空气质量达标率	0.15

3.2.3　指标数据标准化

当一个评价对象涉及多个评价指标时，不同指标由于量纲不一致，不能直接评价计算，需要对评价指标数据进行归一化处理，也称作数据标准化。即通过一定的数学变换将评价指标数据转换为特定阈值范围（如 0～1 或 0～100）内的无量纲数据。常用的数据归一化方法有线性标准化和非线性标准化两类，其中线性标准化方法主要有极大值标准化、极差标准化、和值标准化；非线性标准化方法有偏差法、比重法。同时，在指标标准化中，也要考虑指标性质，对于正指标（也称效益型指标）和负指标（也称成本型指标）所采用的标准化方法有差异。

3.2.3.1　线性标准化方法

（1）正指标线性标准化
极大值标准化：

$$X_i = \frac{x_i}{\max(x_i)}$$

极差标准化：

$$X_i = \frac{x_i - \min(x_i)}{\max(x_i) - \min(x_i)}$$

和值标准化：

$$X_i = \frac{x_i}{\sum_{i=1}^{n} x_i}$$

（2）负指标线性标准化
极大值标准化：

$$X_i = 1 - \frac{x_i}{\max(x_i)}$$

极差标准化：

$$X_i = \frac{\max(x_i) - x_i}{\max(x_i) - \min(x_i)}$$

式中，X_i——标准化后的值；

x_i——指标的原始值。

3.2.3.2　非线性标准化方法

（1）正指标非线性标准化方法
偏差法：

$$X_i = \frac{x_i - \mu}{\sigma}$$

式中，μ——x_i的平均值；

σ——标准差。

比重法：

$$X_i = \frac{x_i}{\sqrt{\sum_{i=1}^{n} (x_i)^2}}$$

（2）负指标非线性标准化方法

$$X_i = \frac{1}{x_i}$$

$$X_i = \frac{\min(x_i)}{x_i}$$

一般来说，数据标准化要遵循两个原则：一是经过标准化处理后，指标数据的相对差距保持不变，若标准化后指标数据的相对差距发生改变，会影响评价结果的准确性；二是标准化后的数据应该有确定的极大值（通常为 1 或 100），这样便于数据之间的比较。在线性标准化和非线性标准化两类方法中，线性标准化方法中的极大值标准化和极差标准化两个方法能够同时满足上述两条原则，因此，这两种标准化方法在实际应用中使用频率比较高。但是极差标准化方法的最小值为定值 0，在评价中可能会出现这样的情况，即某个对象的所有指标数据都最小，排在末位，那么极差标准化后指标数据全部为 0，最终评价结果可能也为 0，而极大值标准化方法不会出现这种现象。

3.2.3.3　评价指标数据标准化方法

根据各种指标标准化方法的适用性，本书评价指标中主要采用极大值方法，将指标数据标准化为 0～100 之间的无量纲数值。对于正指标如林地覆盖率、草地覆盖率、水域湿地覆盖率、污染源排放达标率、Ⅲ类及优于Ⅲ类水质达标率、优良以上空气质量达标率，采用正指标极大值标准化方法进行标准化；对于负指标如耕地和建设用地比例，采用负指标极大值标准化方法进行标准化。

对于植被覆盖指数、生物丰度指数和水源涵养指数，其本身已经过标准化处理为 0～100 之间的无量纲数据，无需再进行标准化处理。对于 SO_2 排放强度、COD 排放强度两个负指标，通过归一化系数处理为 0～100 之间的无量纲数值，经测算，$\alpha_{SO_2}=0.005\ km^2/kg$；$\alpha_{COD}=0.01\ km^2/kg$，然后将其转换为正指标。

3.2.4　生态环境状况分级

国家重点生态功能区县域生态环境状况分级划分采用统计聚类方法，并结合四种生态功能类型县域所处自然生态环境、社会经济状况，将生态环境状况分为良好、一般和脆弱三个级别（表 3-2）。

表 3-2　国家重点生态功能区县域生态环境状况分级

生态环境质量状况级别	脆弱	一般	良好
EI 阈值	EI≤50	50<EI<65	EI≥65
生态环境主要特征	县域所在区域自然生态条件严酷，气候干旱，生态系统承载能力低、自我修复能力弱，存在突出的制约经济社会发展的生态环境问题如水土流失、石漠化、沙漠化；或县域的自然条件相对较好，适合农业开发，产业结构以农业为主，土地利用结构以耕地为主，一般是重要的粮食产区	县域所在区域自然生态条件相对较好，存在一些明显的生态环境问题，需要加大保护和管理力度	县域所在区域自然生态较优越，生态系统承载力高、自我调节能力强，生态环境问题不突出

其中生态环境状况“良好”的县域，其生态环境状况指数值不小于 65。此类县域主要分布在水源涵养和生物多样性维护功能区内，区域降水充沛，气候湿润，自然生态条件良好，生态系统中林、草、水域湿地等绿色生态空间比例较高，具有较高的承载能力，环境质量好、污染负荷低；城镇及农业开发占用自然生态比例较低，或者以畜牧业为主要生产方式。生态系统自我调节能力强，生态环境问题不突出。

生态环境状况“一般”的县域，其生态环境状况指数值介于 50～65 之间。此类县域在四种生态功能类型中均有分布，在水土保持和防风固沙类型县域中，县域自然生态条件相对较好，区域工农业开发强度低或以畜牧业为主，环境质量较好，污染负荷低，但是生态环境整体相对脆弱，需要加强保护与管理。在水源涵养和生物多样性维护类型中，大多数县域自然生态条件较好，气候湿润，但是区域工农业开发强度较高，占用了林、草、水域湿地生态空间，同时污染负荷相对较高，已经出现一些明显的生态环境问题，需要加强生态保护与管理。

生态环境状况"脆弱"的县域，其生态环境状况指数值不大于 50。此类县域所在区域自然生态条件比较差，降水较少，气候干燥，林、草植被、水域湿地面积比例低，生态系统自我调节能力弱，存在明显的制约经济社会发展的生态环境问题，如水土流失、石漠化或沙漠化。或者县域的自然条件相对较好，适合农业开发，区域土地开发程度高，耕地是区域主导生态类型，林、草、水域湿地等生态用地所占比例严重偏低，严重影响了生态系统水源涵养、固土保水、生物多样性维持功能，总体上区域生态系统比较脆弱。

第 4 章
国家重点生态功能区县域生态环境状况评价与分析

4.1 评价县域名单

对研究建立的国家重点生态功能区县域生态环境状况评价指标和评价方法，选择《国家主体功能区规划》中限制开发的 4 大类 25 个国家重点生态功能区所包括的 436 个县级行政单元，同时结合 2013 年中央财政国家重点生态功能区转移支付县域共 486 个县级行政单元开展评价方法应用研究。行政区域上分属河北、山西、内蒙古、吉林、黑龙江、安徽、江西、河南、湖北、湖南、广东、广西、海南、重庆、四川、贵州、云南、西藏、陕西、甘肃、青海、宁夏、新疆 23 个省份及新疆生产建设兵团。

按照生态功能类型划分，属防风固沙功能类型的县域有 61 个，生物多样性维护类型的有 120 个，水源涵养生态功能类型的有 205 个，水土保持生态功能类型的有 100 个。486 个县域分布在 27 个生态功能区，其中防风固沙类型有 6 个，水土保持类型 4 个，水源涵养类型 10 个，生物多样性维护类型 7 个（表 4-1）。

表 4-1   国家重点生态功能区县域生态环境状况评价名单

生态功能类型	生态功能区名称	县域名单
防风固沙	呼伦贝尔草原草甸生态功能区	新巴尔虎左旗、新巴尔虎右旗
	科尔沁草原生态功能区	阿鲁科尔沁旗、巴林右旗、翁牛特旗、科尔沁左翼中旗、科尔沁左翼后旗、开鲁县、库伦旗、奈曼旗、扎鲁特旗、科尔沁右翼中旗、通榆县
	浑善达克沙漠化防治生态功能区	宣化县、张北县、康保县、沽源县、尚义县、怀安县、万全县、赤诚县、崇礼县、丰宁满族自治县、围场满族蒙古族自治县、克什克腾旗、阿巴嘎旗、苏尼特左旗、苏尼特右旗、太仆寺旗、镶黄旗、正镶白旗、正蓝旗、多伦县
	阴山北麓草原生态功能区	达尔罕茂明安联合旗、乌拉特中旗、乌拉特后旗、察哈尔右翼中旗、察哈尔右翼后旗、四子王旗
	阿尔金草原荒漠化防治生态功能区	若羌县、且末县

生态功能类型	生态功能区名称	县域名单
防风固沙	塔里木河荒漠化防治生态功能区	阿瓦提县、阿克陶县、阿合奇县、乌恰县、英吉沙县、泽普县、莎车县、叶城县、麦盖提县、岳普湖县、伽师县、巴楚县、塔什库尔干塔吉克自治县、墨玉县、皮山县、洛浦县、策勒县、于田县、民丰县、图木舒克市
水土保持	黄土高原丘陵沟壑水土保持生态功能区	神池县、五寨县、岢岚县、河曲县、保德县、偏关县、吉县、乡宁县、大宁县、隰县、永和县、蒲县、汾西县、兴县、临县、柳林县、石楼县、中阳县、子长县、安塞县、志丹县、吴起县、绥德县、米脂县、佳县、吴堡县、清涧县、子洲县、会宁县、张家川回族自治县、庄浪县、静宁县、庆城县、环县、华池县、镇原县、通渭县、红寺堡区、盐池县、同心县、西吉县、隆德县、泾源县、彭阳县、海原县
	大别山水土保持生态功能区	潜山县、太湖县、岳西县、金寨县、霍山县、石台县、新县、商城县、孝昌县、大悟县、红安县、罗田县、英山县、浠水县、麻城市
	三峡库区水土保持生态功能区	宜昌市夷陵区、兴山县、秭归县、长阳土家族自治县、五峰土家族自治县、巴东县、云阳县、奉节县、巫山县
	桂黔滇喀斯特石漠化防治生态功能区	马山县、上林县、凌云县、乐业县、天峨县、凤山县、东兰县、巴马瑶族自治县、都安瑶族自治县、大化瑶族自治县、忻城县、天等县、镇宁布依族苗族自治县、关岭布依族苗族自治县、紫云苗族布依族自治县、威宁彝族回族苗族自治县、赫章县、江口县、石阡县、印江土家族苗族自治县、沿河土家族自治县、望谟县、册亨县、荔波县、平塘县、罗甸县、文山县、西畴县、马关县、广南县、富宁县
水源涵养	大小兴安岭森林生态功能区	阿荣旗、莫力达瓦达斡尔族自治旗、鄂伦春自治旗、牙克石市、扎兰屯市、额尔古纳市、根河市、阿尔山市、方正县、木兰县、通河县、延寿县、尚志县、五常市、甘南县、伊春市伊春区、南岔区、友好区、西林区、翠峦区、新青区、美溪区、金山屯区、五营区、乌马河区、汤旺河区、带领区、乌伊岭区、红星区、上甘岭区、嘉荫县、铁力市、爱辉区、嫩江县、逊克县、孙吴县、北安市、五大连池市、庆安县、绥棱县、大兴安岭地区加格达奇区、松岭区、新林区、呼中区、呼玛县、塔河县、漠河县
	长白山森林生态功能区	白山市浑江区、江源区、抚松县、靖宇县、长白朝鲜族自治县、临江市、敦化市、和龙市、汪清县、安图县、东宁县、林口县、海林市、宁安市、穆棱市
	南岭山地森林及生物多样性生态功能区	大余县、上犹县、崇义县、安远县、龙南县、定南县、全南县、寻乌县、井冈山市、炎陵县、绥宁县、宜章县、嘉禾县、临武县、汝城县、桂东县、双牌县、宁远县、蓝山县、新田县、靖州苗族侗族自治县、始兴县、仁化县、乳源瑶族自治县、乐昌市、南雄市、平远县、蕉岭县、兴宁市、龙川县、连平县、和平县、融水苗族自治县、三江侗族自治县、龙胜各族自治县、资源县

生态功能类型	生态功能区名称	县域名单
水源涵养	南水北调中线工程水源涵养生态功能区	栾川县、卢氏县、西峡县、内乡县、淅川县、邓州市、十堰市茅箭区、张湾区、汉中市汉台区、城固县、安康市汉滨区、商洛市商州区、洛南县、丹凤县、商南县、山阳县、郧县、郧西县、竹山县、竹溪县、房县、丹江口市、神农架林区、南郑县、洋县、西乡县、勉县、宁强县、略阳县、镇巴县、留坝县、佛坪县、汉阴县、石泉县、宁陕县、紫阳县、岚皋县、平利县、镇坪县、旬阳县、白河县、镇安县、柞水县
	阿尔泰山地森林草原生态功能区	阿勒泰市、布尔津县、富蕴县、福海县、哈巴河县、青河县、吉木乃县
	甘南黄河重要水源补给生态功能区	临夏县、康乐县、和政县、积石山保安族东乡族撒拉族自治县、合作市、临潭县、卓尼县、玛曲县、碌曲县、夏河县
	京津水源地水源涵养重要区	蔚县、阳原县、怀来县、涿鹿县、承德县、兴隆县、滦平县、宽城满族自治县
	祁连山冰川与水源涵养生态功能区	永登县、永昌县、民勤县、古浪县、天祝藏族自治县、肃南裕固族自治县、民乐县、山丹县、肃北蒙古族自治县、阿克塞哈萨克族自治县、门源回族自治县、祁连县、刚察县、天峻县
	若尔盖草原湿地生态功能区	阿坝县、若尔盖县、红原县
	三江源草原草甸湿地生态功能区	同仁县、尖扎县、泽库县、河南蒙古族自治县、共和县、同德县、贵德县、兴海县、贵南县、玛沁县、班玛县、甘德县、达日县、久治县、玛多县、玉树市、杂多县、称多县、治多县、囊谦县、曲麻莱县、格尔木市
生物多样性维护	三江平原湿地生态功能区	虎林市、密山市、绥滨县、饶河县、抚远县、同江市、富锦市
	秦巴生物多样性生态功能区	南漳县、保康县、城口县、巫溪县、旺苍县、青川县、万源市、通江县、南江县、周至县、凤县、太白县、武都区、文县、宕昌县、康县、两当县、舟曲县、迭部县
	武陵山区生物多样性与水土保持生态功能区	建始县、宣恩县、咸丰县、来凤县、鹤峰县、石门县、张家界永定区、武陵源区、慈利县、桑植县、沅陵县、辰溪县、会同县、麻阳苗族自治县、新晃侗族自治县、芷江侗族自治县、吉首市、泸溪县、凤凰县、花垣县、保靖县、古丈县、永顺县、龙山县、武隆县、石柱土家族自治县、秀山土家族苗族自治县、酉阳土家族苗族自治县、彭水苗族土家族自治县
	川滇森林及生物多样性生态功能区	北川羌族自治县、平武县、天全县、宝兴县、汶川县、理县、茂县、松潘县、九寨沟县、金川县、小金县、黑水县、马尔康县、壤塘县、康定县、泸定县、丹巴县、九龙县、雅江县、道孚县、炉霍县、甘孜县、新龙县、德格县、白玉县、石渠县、色达县、理塘县、巴塘县、乡城县、稻城县、得荣县、木里藏族自治县、盐源县、玉龙纳西族自治县、屏边苗族自治县、金平苗族瑶族傣族自治县、勐海县、勐腊县、剑川县、泸水县、福贡县、贡山独龙族怒族自治县、兰坪白族普米族自治县、香格里拉县、德钦县、维西傈僳族自治县

生态功能类型	生态功能区名称	县域名单
生物多样性维护	藏西北羌塘高原荒漠生态功能区	班戈县、尼玛县、日土县、革吉县、改则县
	藏东南高原边缘森林生态功能区	错那县、墨脱县、察隅县
	海南岛中部山区热带雨林生态功能区	三亚市、五指山市、东方市、白沙黎族自治县、昌江黎族自治县、乐东黎族自治县、陵水黎族自治县、保亭黎族苗族自治县、琼中黎族苗族自治县

4.2　评价数据源

　　根据国家重点生态功能区县域生态环境状况评价指标体系，评价指标中，自然生态指标中生态功能指数如水源涵养指数、生物丰度指数、植被覆盖指数通过林、草、水域湿地、耕地等生态类型数据获得；这些数据也用于计算生态结构指标和生态扰动指标。污染负荷指数中的二氧化硫排放量和化学需氧量排放量数据可从环境统计年鉴获得，污染源排放达标率可通过环境监测数据获得。环境质量指标如Ⅲ类或优于Ⅲ类水质达标率和优良以上空气质量达标率也可通过环境监测获得（表4-2）。

表4-2　国家重点生态功能区县域生态环境状况评价数据

一级指标	二级指标		所需数据
自然生态指标	生态功能	植被覆盖指数	县域内林、草、水域湿地、耕地、建设用地面积数据
		水源涵养指数	县域内林、草、水域湿地面积数据
		生物丰度指数	县域内林、草、水域湿地、耕地、建设用地面积数据
	生态结构	林地覆盖率	县域内各种林地类型面积数据
		草地覆盖率	县域内各种草地类型面积数据
		水域湿地面积比	县域内河流、湖泊、水库、湿地、永久性冰川面积数据
	生态扰动	耕地和建设用地比例	县域内各种耕地、建设用地面积数据
环境状况指标	污染负荷	二氧化硫排放强度	环境统计数据
		化学需氧量排放强度	环境统计数据
		污染源排放达标率	环境监测数据
	环境质量	Ⅲ类或优于Ⅲ类水质达标率	环境监测数据
		优良以上空气质量达标率	环境监测数据

　　根据可获得的最新数据情况，486个国家重点生态功能区县域生态环境状况以2012年作为评价年份。在数据来源上，自然生态指标所需的各类生态类型数据通过卫星遥感影像解译获得，影像时相为2012—2013年，分辨率为10～30 m多源多光谱遥感影像，采用基于专家知识的人机交互目视解译提取林地、草地、耕地、水域湿地、未利用地等类型。县

级二氧化硫（SO$_2$）、化学需氧量（COD）排放量数据来源于 2012 年度国家环境统计数据。Ⅲ类及优于Ⅲ类水质达标率、优良以上空气质量达标率、污染源排放达标率均来源于 2012 年环境监测数据，共布设 1 026 个地表水水质监测断面、599 个空气质量监测点位；监测 2 373 家污染源企业和污水处理厂。

4.3　总体评价结果

在 27 个生态功能区中，有 4 个生态功能区生态环境状况为"脆弱"，其中 3 个属防风固沙类型，1 个为水土保持类型。19 个生态功能区为"一般"，其中 3 个为防风固沙类型，3 个水为土保持类型，8 个为水源涵养类型，5 个为生物多样性维护类型。4 个生态功能区为"良好"，其中 2 个为水源涵养类型，2 个为生物多样性维护类型（表 4-3）。

表 4-3　基于生态功能区的生态环境状况评价结果

生态功能类型	生态功能区名称	生态功能分指数	生态结构分指数	生态扰动分指数	污染负荷分指数	环境质量分指数	生态环境质量指数值	生态环境质量
防风固沙	阿尔金草原荒漠化防治生态功能区	1.67	4.80	13.98	54.95	42.14	43.44	脆弱
防风固沙	呼伦贝尔草原草甸生态功能区	17.33	18.11	13.77	54.73	38.57	62.44	一般
防风固沙	浑善达克沙漠化防治生态功能区	10.43	17.20	12.39	52.22	42.27	56.36	一般
防风固沙	科尔沁草原生态功能区	9.90	11.83	9.10	51.51	41.96	49.62	脆弱
防风固沙	塔里木河荒漠化防治生态功能区	3.39	7.17	13.52	54.38	39.93	45.15	脆弱
防风固沙	阴山北麓草原生态功能区	7.90	16.14	12.91	52.92	43.37	54.75	一般
水土保持	大别山水土保持生态功能区	16.56	15.76	8.64	46.87	44.73	56.15	一般
水土保持	桂黔滇喀斯特石漠化防治生态功能区	13.02	18.81	10.37	51.37	43.34	57.95	一般
水土保持	黄土高原丘陵沟壑水土保持生态功能区	8.26	14.85	8.61	51.12	35.65	48.23	脆弱
水土保持	三峡库区水土保持生态功能区	16.62	17.24	9.44	46.77	43.65	57.44	一般
水源涵养	阿尔泰山地森林草原生态功能区	5.34	9.74	9.67	53.06	38.73	51.56	一般
水源涵养	大小兴安岭森林生态功能区	21.54	18.25	8.37	52.37	40.00	65.85	良好
水源涵养	甘南黄河重要水源补给生态功能区	12.79	19.38	9.11	53.18	44.10	63.68	一般
水源涵养	京津水源地水源涵养功能区	11.80	15.75	7.21	46.29	36.44	53.95	一般
水源涵养	南水北调中线工程水源涵养生态功能区	16.59	16.64	7.59	48.52	43.30	61.22	一般
水源涵养	南岭山地森林及生物多样性生态功能区	19.13	17.68	8.06	47.15	43.15	63.05	一般

生态功能类型	生态功能区名称	生态功能分指数	生态结构分指数	生态扰动分指数	污染负荷分指数	环境质量分指数	生态环境质量指数值	生态环境质量
水源涵养	祁连山冰川与水源涵养生态功能区	5.57	10.16	9.55	53.63	43.44	53.99	一般
水源涵养	若尔盖草原湿地生态功能区	14.64	20.89	9.89	54.84	44.84	67.12	良好
水源涵养	三江源草原草甸湿地生态功能区	11.95	18.91	9.93	54.83	43.29	63.72	一般
水源涵养	长白山森林生态功能区	20.57	17.52	7.98	50.72	42.40	64.89	一般
生多维护	藏东南高原边缘森林生态功能区	18.93	21.36	11.94	54.97	45.00	71.33	良好
生多维护	藏西北羌塘高原荒漠生态功能区	4.35	12.09	12.00	55.00	45.00	57.06	一般
生多维护	川滇森林及生物多样性生态功能区	17.43	19.70	11.59	54.41	44.02	68.60	良好
生多维护	海南岛中部山区热带雨林生态功能区	19.50	17.65	8.63	45.48	41.69	62.33	一般
生多维护	秦巴生物多样性生态功能区	17.48	18.34	9.17	51.14	43.64	64.91	一般
生多维护	三江平原湿地生态功能区	12.49	7.87	4.41	52.81	39.07	51.62	一般
生多维护	武陵山区生物多样性与水土保持生态功能区	17.87	18.82	9.16	48.53	42.02	63.73	一般

防风固沙生态功能区中，3 个生态环境质量为"脆弱"，3 个为"一般"。"脆弱"的 3 个功能区中，2 个位于新疆，分别为塔里木盆地的塔里木河荒漠化防治区和阿尔金山荒漠化防治区，两个区域均为气候极端干旱区，反映区域防风固沙功能的生态功能指数和反映区域林、草、水域湿地生态空间的生态结构指数均非常低，生态环境本底脆弱。另外一个"脆弱"生态功能区为科尔沁草原生态功能区，该功能区位于内蒙古通辽科尔沁沙地，为半干旱草原气候区，与浑善达克沙漠化防治功能区自然条件相似，均为半干旱草原区的沙地，对比两个功能区的各分指数，科尔沁草原生态功能区的生态功能分指数、生态结构分指数、生态扰动分指数、污染负荷分指数、环境质量分指数均低于浑沙达克沙漠化防治功能区。人类活动干扰是主要因素，科尔沁沙地草原生态功能区的耕地和建设用地比例比浑善达克沙漠化防治功能区高近 20 个百分点，农业开发占用了大面积生态空间，同时也造成污染物排放增加，污染负荷高。

水土保持生态功能区中，只有黄土高原丘陵沟壑水土保持区生态环境质量为"脆弱"，其余 3 个均为"一般"。这与不同生态功能区气候条件直接相关。黄土高原丘陵沟壑区位于我国北方黄土高原半干旱气候区，自然植被覆盖较差，水土保持功能较弱，而其余三个均位于我国湿润半湿润气候区，自然条件本底条件相对较好，生态系统综合功能和生态结构指数均较高，生态环境质量相对较好。

水源涵养生态功能区生态环境状况整体较好，均为"一般"或"良好"，无"脆弱"。生物多样性维护生态功能区生态环境状况也整体较好，生态环境质量以"一般"和"良好"为主，无"脆弱"类型。但藏西北羌塘高原荒漠生态功能区和三江平原湿地生态功能区两个功能区值得关注，其生态环境状况指数值相对较低。藏西北羌塘高原荒漠生态功能区位于西藏自治区西北部阿里、那曲地区，属于高寒荒漠气候，寒冷干燥，生态环境极端恶劣，自然生态本底脆弱。三江平原湿地生态功能区位于黑龙江三江平原，是我国三江平原湿地主要分布区，自然生态条件良好，但是区域农业开发强度高，该区生态类型以耕地占绝对优势，超过63%的土地被开垦为耕地，对区域生物多样性维护功能具有明显影响。

486个县城中，生态环境状况指数值介于23.36～75.02之间，其中生态环境"脆弱"的县域有108个，占评价县域总个数的22.22%；"一般"的县域有231个，占47.53%；"良好"的县域有147个，占30.25%。在四种生态功能类型中，防风固沙61个县域生态环境状况为"脆弱"和"一般"，无"良好"类别，分别为34个和27个，所占比例为55.74%和44.26%。水土保持的100个县域中，生态环境质量"脆弱"的有47个，所占比例为47%，"一般"的有51个，占51%，"良好"2个，占2%。水源涵养的205个县域中，生态环境"脆弱"的有23个，占比例为11.22%，"一般"的有110个，占53.66%，"良好"的72个，占35.12%；生物多样性维护的120个县域中，生态环境"脆弱"的有4个，"一般"的有43个，"良好"的有73个，所占比例分别为3.33%、35.83%和60.84%（表4-4，图4-1）。

总体上，生态环境"脆弱"县所占比例从防风固沙、水土保持、水源涵养到生物多样性维护依次降低，而生态环境"良好"县所占比例从防风固沙、水土保持、水源涵养到生物多样性维护则依次升高。该规律与四种生态功能类型分布区的生态地理条件密切相关，防风固沙生态功能类型的6个生态功能区，如呼伦贝尔草原草甸生态功能区、科尔沁草原生态功能区、浑善达克沙漠化防治生态功能区、阴山北麓草原生态功能区、阿尔金草原荒漠化防治生态功能区和塔里木河荒漠化防治生态功能区，从东到西覆盖了我国北方的主要风沙区，生态环境整体上脆弱。水土保持生态功能类型包括4个生态功能区，如黄土高原丘陵沟壑水土保持生态功能区、大别山水土保持生态功能区、三峡库区水土保持生态功能区和桂黔滇喀斯特石漠化防治生态功能区，其中黄土高原为我国水土流失最为严重的地区，而且分布区域大，涉及山西、陕西、宁夏、甘肃等省份，气候较干旱，植被稀疏，水体保持功能类型中生态环境质量脆弱的县主要分布在该区域，其余三个区域自然条件本底较好，生态环境质量以"一般"和"良好"为主。水源涵养和生物多样性维护两种功能类型所处区域气候条件整体上要好于防风固沙和水土保持类型，自然生态环境本底条件较好，生态环境状况相对要好。

表 4-4 四种生态功能类型不同生态环境质量的县域数量分布

生态功能类型	生态环境质量级别			总计/个
	脆弱	一般	良好	
防风固沙	34	27	0	61
水土保持	47	51	2	100
水源涵养	23	110	72	205
生多维护	4	43	73	120
总 计	108	231	147	486

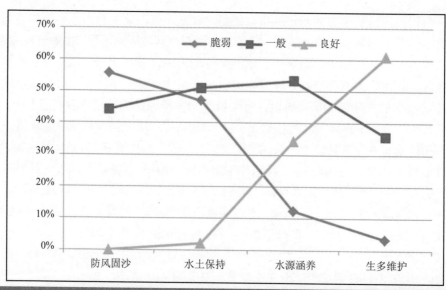

图 4-1　不同生态功能类型县域生态环境质量比例

4.4　防风固沙型县域评价结果

防风固沙功能有 61 个县域，生态环境以"脆弱"为主，"脆弱"县域有 34 个，所占比例为 55.7%，"一般"的县域有 27 个，占 44.3%，无"良好"县域。

4.4.1　呼伦贝尔草原草甸生态功能区

呼伦贝尔草原草甸生态功能区位于内蒙古四大沙地之一的呼伦贝尔沙地，包括新巴尔虎左旗和新巴尔虎右旗 2 个旗县。该功能区生态环境质量指数值为 62.44，生态环境质量状况为"一般"，是防风固沙 6 个功能区中生态环境质量最好的。从图 4-2 雷达图可以看出，该功能区的生态功能分指数、生态结构分指数、生态扰动分指数（负指标，指标值越大表示扰动越小）、污染负荷分指数（负指标，指标值越大表示污染物排放强度越小）均达到所有防风固沙功能区的最大值，只有环境质量分指数略微小于所有防风固沙功能区的平均值（表 4-5，图 4-2）。该生态功能区生态类型组成以草地为主，占绝对优势，占功能区总面积的比例为 76.60%，其余依次为水域湿地（10.53%）、流动沙地（8.17%）、林地（3.09%）、耕地和建设用地（1.61%）（图 4-3，图 4-4）。

新巴尔虎左旗和新巴尔虎右旗的生态环境质量指数值分别为 56.13 和 61.42，生态环境状况均为"一般"。新巴尔虎右旗生态环境质量整体要好于新巴尔虎左旗，其生态功能指数、生态结构指数、生态扰动指数、污染负荷指数、环境质量指数均高于新巴尔虎左旗（表4-5）。

作为防风固沙生态功能类型，区域内流动沙地占相当面积，是影响区域风沙防护功能的重要因素，要加强对沙地的治理和保护，增加植被覆盖，降低风沙侵蚀，提升防风固沙功能。

表 4-5 呼伦贝尔草原草甸生态功能区县域生态环境状况

县名	生态功能分指数	生态结构分指数	生态扰动分指数	污染负荷分指数	环境质量分指数	生态环境质量指数值	生态环境质量等级
新巴尔虎左旗	15.49	16.69	13.58	54.65	25.69	56.13	一般
新巴尔虎右旗	18.82	19.25	13.93	54.80	28.57	61.42	一般
功能区整体	**17.33**	**18.11**	**13.77**	**54.73**	**38.57**	**62.44**	**一般**

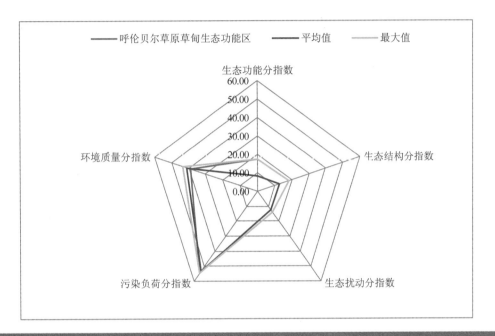

图 4-2 呼伦贝尔草原草甸生态功能区各分指数雷达图

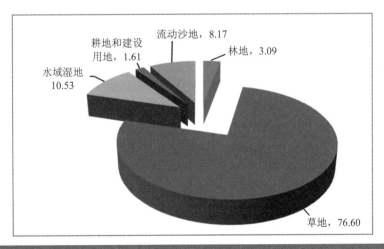

图 4-3 呼伦贝尔市草原草甸生态功能区生态类型组成比例（%）

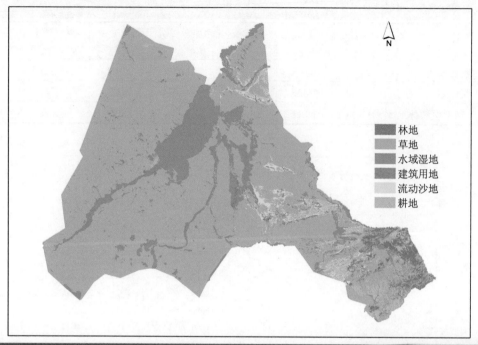

图 4-4 呼伦贝尔市草原草甸生态功能区生态类型分布图

图例:
林地
草地
水域湿地
建筑用地
流动沙地
耕地

4.4.2 科尔沁草原生态功能区

科尔沁草原生态功能区位于内蒙古四大沙地之一的科尔沁沙地,包括 11 个旗县,行政区域上涉及内蒙古赤峰市、通辽市和吉林省白城市,其中赤峰市有 3 个旗县(阿鲁科尔沁旗、巴林右旗、翁牛特旗),通辽市有 7 个旗县(科尔沁左翼中旗、科尔沁左翼后旗、开鲁县、库伦旗、奈曼旗、扎鲁特旗、科尔沁右翼中旗),吉林省白城市 1 个县,即通榆县。

该功能区整体生态环境质量指数值为 49.62,生态环境质量为"脆弱"。从图 4-5 可以看出,该功能区 5 个分指数中,生态扰动分指数和污染负荷分指数低于所有防风固沙功能区的平均值。该区域生态类型以草地为主,占区域面积的 39.55%,其次为耕地和建设用地,占 35%,林地占 15.17%,流动沙地占 7.36%,水域湿地占 2.92%。耕地、建筑用地、流动沙地所占面积比例达到 42.36%,这三种生态类型对区域生态系统防风固沙功能具有负面影响,是导致生态环境质量整体"脆弱"的主要原因,空间上主要分布在该区域的东部和南部,即科尔沁沙地的核心分布区(表 4-6,图 4-6,图 4-7)。

11 个旗县中,生态环境质量"一般"的有 4 个旗县,"脆弱"的有 7 个旗县。生态环境质量"脆弱"的 7 个旗县(翁牛特旗、科尔沁左翼中旗、科尔沁左翼后旗、开鲁县、库伦旗、奈曼旗和通榆县)与生态环境质量"一般"的 4 个旗县(阿鲁科尔沁旗、巴林右旗、扎鲁特旗、科尔沁右翼中旗)相比,污染负荷指数差别不明显,环境质量指数除科尔沁左翼中旗和科尔沁左翼后旗外,差别也不明显(表 4-6)。但是体现自然生态状况的生态功能指数、生态结构指数和生态扰动指数值均比较低，表现为林草地、水域湿地等生态空间面积比例较低，而耕地和建设用地所占比例较大，生态扰动指数值较低，生态环境质量整体脆弱（表4-6）。该区域生态系统防风固沙功能增强一方面要控制耕地和建设用地规模，提高土地利用效率和集约化水平，另一方面要加大对流动沙地的治理，提高植被覆盖度，控制流动沙地的进一步发展。

表 4-6　科尔沁草原生态功能区县域生态环境状况

县名	生态功能分指数	生态结构分指数	生态扰动分指数	污染负荷分指数	环境质量分指数	生态环境质量指数值	生态环境质量等级
阿鲁科尔沁旗	14.14	15.75	11.00	52.40	43.46	57.38	一般
巴林右旗	14.16	16.62	11.55	53.31	44.44	58.95	一般
翁牛特旗	9.41	11.23	9.68	50.17	32.14	45.92	脆弱
科尔沁左翼中旗	8.04	7.69	6.35	50.35	10.00	33.56	脆弱
科尔沁左翼后旗	8.72	8.83	7.75	52.29	18.33	38.90	脆弱
开鲁县	7.56	6.49	5.01	45.55	30.00	36.01	脆弱
库伦旗	8.67	8.70	7.21	49.76	30.00	41.13	脆弱
奈曼旗	7.29	8.43	6.79	49.86	29.00	39.41	脆弱
扎鲁特旗	10.98	14.69	10.78	52.18	30.00	50.17	一般
科尔沁右翼中旗	9.03	16.16	11.31	52.77	30.00	50.39	一般
通榆县	6.27	5.30	6.13	52.50	42.50	40.89	脆弱
功能区整体	**9.90**	**11.83**	**9.10**	**51.51**	**41.96**	**49.62**	**脆弱**

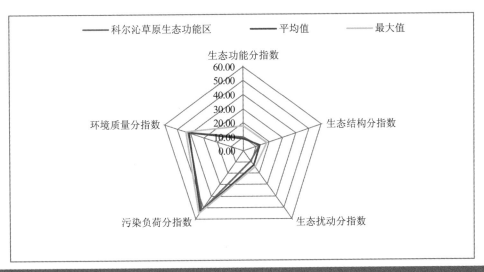

图 4-5　科尔沁草原生态功能区各分指数雷达图

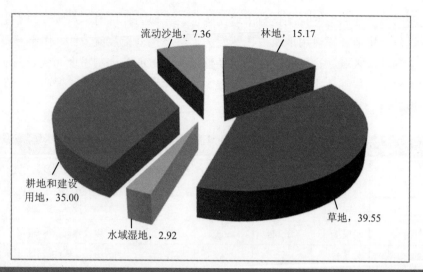

图 4-6　科尔沁草原生态功能区生态类型组成比例（%）

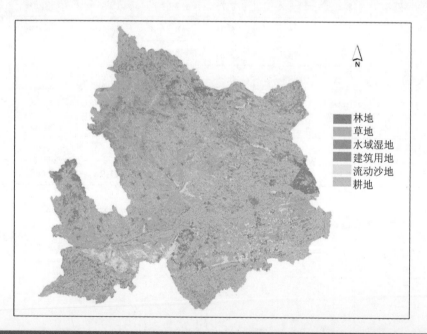

图 4-7　科尔沁草原生态功能区生态类型分布图

4.4.3　浑善达克沙漠化防治功能区

浑善达克沙漠化防治功能区位于内蒙古四大沙地之一的浑善达克沙地及其周边区域，行政区域上涉及河北省张家口市、承德市以及内蒙古锡林浩特市、赤峰市所辖的部分旗县，共包括 20 个旗县，其中河北省张家口市有 9 个，承德市有 2 个；内蒙古赤峰市有 1 个，锡林浩特市有 8 个。

该功能区整体生态环境质量指数值为 56.36，生态环境质量状况为"一般"，在 6 个防风固沙功能区中，该功能区生态环境质量仅次于呼伦贝尔草原草甸生态功能区。从图 4-8 可以看出，5 个分指数中，除生态功能分指数稍高于所有防风固沙功能区的平均值外，其余 4 个分指数基本达到功能区的最大值。区域生态类型以草地为主，占整个功能区面积的 67.54%，其余类型依次为林地、耕地和建设用地、流动沙地和水域湿地，所占面积比例分别为 14.48%、11.49%、3.95% 和 2.54%（表 4-7，图 4-9，图 4-10）。

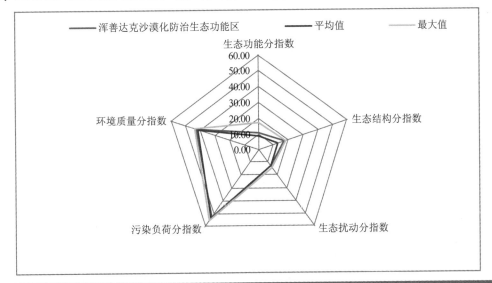

图 4-8　浑善达克沙漠化防治功能区各分指数雷达图

表 4-7　浑善达克沙漠化防治功能区县域生态环境状况

县 名	生态功能分指数	生态结构分指数	生态扰动分指数	污染负荷分指数	环境质量分指数	生态环境质量指数值	生态环境质量等级
宣化县	8.98	11.10	7.77	39.54	23.70	38.47	脆弱
张北县	9.17	9.22	6.33	49.51	44.18	45.40	脆弱
康保县	9.77	9.53	6.63	53.18	39.29	47.52	脆弱
沽源县	10.24	8.75	5.99	50.84	44.18	45.99	脆弱
尚义县	11.55	13.68	9.33	51.39	45.00	53.11	一般
怀安县	7.46	11.52	7.66	45.85	43.40	45.42	脆弱
万全县	7.91	11.35	7.30	36.93	32.15	39.31	脆弱
赤城县	14.52	16.29	10.60	52.59	44.34	58.07	一般
崇礼县	11.33	16.67	10.81	52.04	24.34	50.08	一般
丰宁满族自治县	13.43	15.88	10.36	50.49	33.04	52.83	一般
围场满族蒙古族自治县	15.89	16.24	10.72	47.93	40.86	56.63	一般
克什克腾旗	13.12	18.12	13.18	53.39	42.38	59.82	一般
阿巴嘎旗	10.83	19.26	13.98	54.35	35.00	57.65	一般
苏尼特左旗	8.57	19.00	13.98	54.67	35.00	55.99	一般

县　名	生态功能分指数	生态结构分指数	生态扰动分指数	污染负荷分指数	环境质量分指数	生态环境质量指数值	生态环境质量等级
苏尼特右旗	6.62	18.96	13.92	54.46	40.00	55.98	一般
太仆寺旗	8.80	11.89	8.34	49.62	45.00	48.70	脆弱
镶黄旗	11.30	19.37	13.77	54.03	35.00	57.81	一般
正镶白旗	10.24	17.36	13.05	52.92	35.00	54.84	一般
正蓝旗	11.04	16.77	12.96	47.05	41.65	55.15	一般
多伦县	10.54	14.55	11.11	40.65	45.00	51.03	一般
功能区整体	**10.43**	**17.20**	**12.39**	**52.22**	**42.27**	**56.36**	**一般**

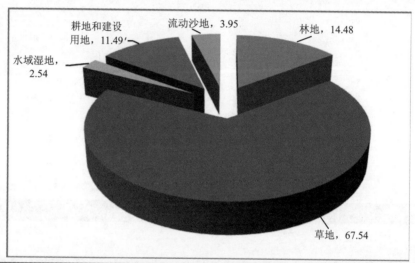

图 4-9　浑善达克沙漠化防治功能区生态类型组成比例（%）

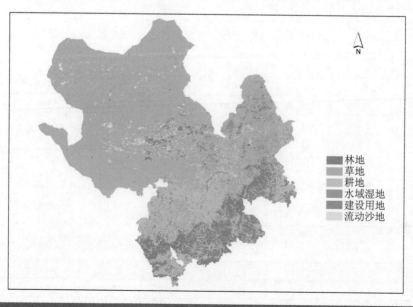

图 4-10　浑善达克沙漠化防治功能区生态类型分布图

20 个县域中,生态环境质量"脆弱"的县域有 7 个,"一般"的县域有 13 个。"脆弱"的 7 个县域中,其中 6 个县(宣化县、张北县、康保县、沽源县、怀安县和万全县)属于河北省张家口市,另外 1 个(太仆寺旗)属于内蒙古锡林浩特市,均位于功能区南部边缘;7 个脆弱县域的各分指数值具有共性特征,即体现区域自然生态状况的指数如生态功能指数、生态结构指数和生态扰动指数均比较低。各县域土地利用组成结构中以体现人类活动占用生态空间的耕地和建设用地指标值均比较高,因此生态扰动分指数值比较低,同时导致表征县域生态空间特征的生态功能分指数和生态结构分指数值也偏低(表 4-7)。该区域是我国典型的农牧交错带,耕地开垦占用了以草地为主的生态空间,加上区域气候干旱少雨,冬春季节风力强劲,特别容易造成土壤侵蚀和风蚀沙化。

4.4.4　阴山北麓草原生态功能区

阴山北麓草原生态功能区位于内蒙古中部阴山山脉以北的荒漠草原区,包括 6 个县域,行政上属于内蒙古乌兰察布市、包头市和临河市,其中乌兰察布市有 3 个县域,分别为察哈尔右旗中旗、察哈尔右翼后旗和四子王旗;包头市有 1 个县域,为达尔罕茂明安联合旗;临河市有 2 个县域,分别为乌拉特中旗和乌拉特后旗。

该生态功能区整体生态环境质量指数值为 54.75,生态环境质量属于"一般"。从图 4-11 可以看出,该功能区 5 个分指数中,生态功能分指数略低于所有防风固沙功能区的平均值,其余 4 个指数均高于平均值,说明该功能区整体防风固沙功能比较弱,需要进一步提升。该区域生态类型组成以草地为主,占功能区总面积的 76.18%,其次为流动沙地和砾石戈壁,占 11.78%,主要分布在功能区西部区域,耕地和建设用地占 7.81%,林地占 2.97%,分布在功能区南部边缘的阴山山脉北坡,水域湿地占 1.25%(表 4-8,图 4-12,图 4-13)。

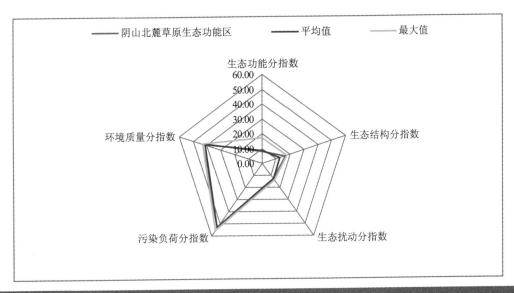

图 4-11　阴山北麓草原生态功能区各分指数雷达图

6 个县域中，生态环境质量状况均为"一般"，各县域生态功能分指数均比较低（表4-8）。该生态功能区耕地和建设用地所占比例较低，区域具备相对较大的生态空间，但是由于气候干旱，多大风天气，风沙活动强烈，还存在着相当面积的流动沙地以及砾石戈壁，水资源贫乏，生态环境极为脆弱，以荒漠草原为主的自然植被所具备的生态服务功能相对较弱，需要加强草原生态系统保护，提升生态系统固沙防风功能。

表 4-8　阴山北麓草原生态功能区县域生态环境状况

县 名	生态功能分指数	生态结构分指数	生态扰动分指数	污染负荷分指数	环境质量分指数	生态环境质量指数值	生态环境质量等级
达尔罕茂明安联合旗	9.32	18.18	12.77	47.06	36.25	53.18	一般
乌拉特中旗	6.35	14.96	13.23	54.47	45.00	54.01	一般
乌拉特后旗	6.38	14.57	13.88	54.18	42.76	53.47	一般
察哈尔右翼中旗	10.16	13.10	9.10	52.85	45.00	52.01	一般
察哈尔右翼后旗	11.25	14.95	10.49	50.97	45.00	54.47	一般
四子王旗	8.95	18.09	12.75	54.79	45.00	57.79	一般
功能区整体	**7.90**	**16.14**	**12.91**	**52.92**	**43.37**	**54.75**	**一般**

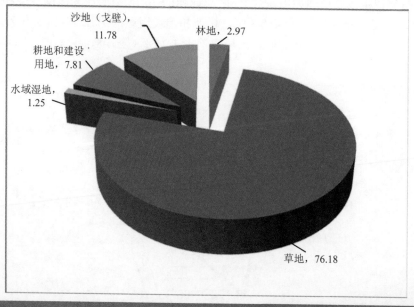

图 4-12　阴山北麓草原生态功能区生态类型组成（%）

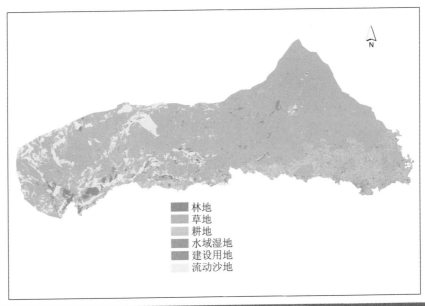

林地
草地
耕地
水域湿地
建设用地
流动沙地

图 4-13　阴山北麓草原生态功能区生态类型分布图

4.4.5　阿尔金草原荒漠化防治生态功能区

阿尔金草原荒漠化防治生态功能区位于新疆维吾尔自治区巴音郭楞自治州，包括若羌和且末两个县域，其中若羌县是我国县域面积第一大县，辖区面积近 20 万 km²。该区域地处塔克拉玛干沙漠东南边缘，气候极为干旱，降水稀少，蒸发量大，风沙活动强烈，但是区域内保存着比较完整的自然生态系统，拥有许多极为珍贵的特有物种和珍稀物种。

该功能区生态环境质量指数值为 43.44，生态环境质量"脆弱"。从图 4-14 可以看出，5 个分指数中，生态功能指数和生态结构指数远远低于整个防风固沙功能区的平均值，主要由于区域极端干旱荒漠气候，林草植被所占面积比例较低，沙漠（戈壁）是优势地表覆被类型。区域生态系统中沙漠（戈壁）占绝对优势，占区域总面积的 75.89%，草地占 21.60%，其余很小比例为林地、耕地和建设用地、水域湿地（表 4-9，图 4-15，图 4-16）。

若羌县和且末县生态环境质量指数值分别为 43.42 和 43.09，均为"脆弱"（表 4-9）。该区域由于极端干旱恶劣的自然环境，人类活动以及工农业生产主要集中农业绿洲区，昆仑山和阿尔金山冰川融水形成的众多河流为沙漠绿洲存在和发展提供了水源保障。

表 4-9　阿尔金草原荒漠化防治生态功能区县域生态环境状况

县　名	生态功能分指数	生态结构分指数	生态扰动分指数	污染负荷分指数	环境质量分指数	生态环境质量指数值	生态环境质量等级
若羌县	1.95	5.71	13.98	54.94	39.29	43.42	脆弱
且末县	1.26	3.48	13.97	54.97	45.00	43.09	脆弱
功能区整体	**1.67**	**4.80**	**13.98**	**54.95**	**42.14**	**43.44**	**脆弱**

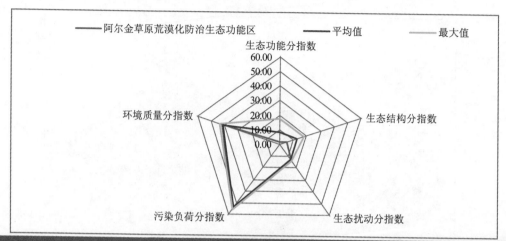

图 4-14　阿尔金草原荒漠化防治生态功能区各分指数雷达图

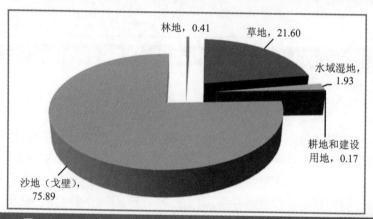

图 4-15　阿尔金草原荒漠化防治生态功能区生态类型组成（%）

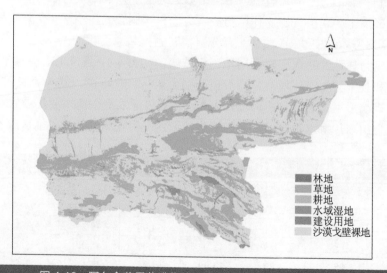

图 4-16　阿尔金草原荒漠化防治生态功能区生态类型分布图

4.4.6　塔里木河荒漠化防治生态功能区

塔里木河荒漠化防治生态功能区位于新疆维吾尔自治区南疆，共包括 20 个县域，行政区域涉及新疆阿克苏地区、克孜勒苏柯尔克孜自治州、喀什地区、和田地区，分别有 1 个、3 个、9 个、6 个县域，另外 1 个为图木舒克市，属新疆生产建设兵团管辖。该区域气候极端干旱，塔里木河是主要的地表径流，对维持沙漠绿洲存在和发展至关重要。

该生态功能区整体生态环境质量指数值为 44.37，生态环境质量属于"脆弱"，与阿尔金草原荒漠化防治生态功能区类似，该生态功能区的 5 分指数中，生态功能指数和生态结构指数远远低于整个防风固沙功能区的平均值，生态环境非常脆弱（图 4-17）。区域生态类型以沙漠和戈壁为主，占功能区总面积的 60.88%，其次为草地，占 29.52%，其余类型如林地、耕地和建设用地、水域湿地占不到 10% 的比例（表 4-10，图 4-18，图 4-19）。

20 个县域中，其中 18 个县域生态环境质量"脆弱"，2 个"一般"，为阿合奇县和乌恰县。阿合奇县和乌恰县生态环境质量相对较好，两个县域的生态功能指数和生态结构指数值均比较高，这与其所处区域生态地理条件相关，阿合奇县地处天山南脉内部，天山南脉横穿全境，为山谷相间地势，特殊地形地貌改变了局部气候，呈现山地气候特征，塔里木盆地极端干旱气候对其影响减弱，降水相对较多，同时天山山脉冰川积雪融水形成比较丰富的地表径流，区域自然生态系统较好，草地覆盖率较高。乌恰县位于南天山西端与昆仑山北麓的结合部，与阿合奇县类似，该县山地气候特征明显，林草植被覆盖较高，自然生态条件比较好。此外，在生态环境质量"脆弱"的 18 个县域中，阿克陶县和塔什库尔干塔吉克自治县由于受南天山和昆仑山山脉影响而形成较好生态环境条件，尽管 2 个县生态环境质量为脆弱，但其生态环境质量指数值在 18 个县域中是较高的。

表 4-10　塔里木河荒漠化防治生态功能区县域生态环境状况

县名	生态功能分指数	生态结构分指数	生态扰动分指数	污染负荷分指数	环境质量分指数	生态环境质量指数值	生态环境质量等级
阿瓦提县	2.42	4.92	12.38	54.57	43.17	43.13	脆弱
阿克陶县	5.21	11.03	13.87	54.19	36.17	48.18	脆弱
阿合奇县	9.65	13.48	13.86	54.43	44.17	55.47	一般
乌恰县	7.10	15.37	13.96	54.88	39.88	53.93	一般
英吉沙县	2.14	3.07	11.86	47.47	34.17	36.43	脆弱
泽普县	5.15	3.81	5.54	29.51	38.75	30.63	脆弱
莎车县	4.29	6.54	11.31	52.06	37.20	42.28	脆弱
叶城县	6.16	9.52	13.52	54.48	19.17	42.53	脆弱
麦盖提县	2.33	3.78	12.77	52.62	39.17	40.75	脆弱
岳普湖县	3.71	9.19	11.95	53.18	24.17	40.60	脆弱
伽师县	4.36	9.18	11.53	51.46	37.50	44.24	脆弱
巴楚县	2.71	5.34	12.98	54.53	40.83	43.33	脆弱

县名	生态功能分指数	生态结构分指数	生态扰动分指数	污染负荷分指数	环境质量分指数	生态环境质量指数值	生态环境质量等级
塔什库尔干塔吉克自治县	5.20	9.94	13.98	54.97	34.17	47.12	脆弱
墨玉县	1.47	3.15	13.56	54.46	44.17	42.31	脆弱
皮山县	2.89	6.12	13.79	54.92	34.17	42.68	脆弱
洛浦县	1.67	3.81	13.68	54.51	33.67	39.86	脆弱
策勒县	1.57	4.85	13.84	54.87	44.17	43.90	脆弱
于田县	2.05	6.43	13.83	54.89	34.17	42.33	脆弱
民丰县	1.93	6.03	13.97	54.92	31.67	41.33	脆弱
图木舒克市	4.79	10.45	8.86	50.53	44.17	45.28	脆弱
功能区整体	**3.39**	**7.17**	**13.52**	**54.38**	**39.93**	**45.15**	脆弱

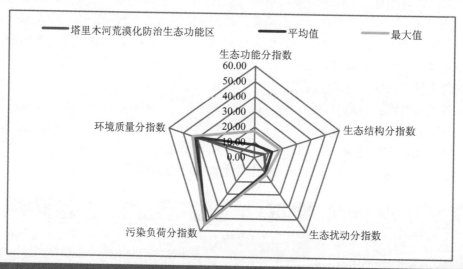

图 4-17   塔里木河荒漠化防治生态功能区各分指数雷达图

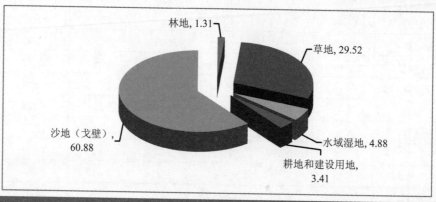

图 4-18   塔里木河荒漠化防治生态功能区生态类型组成（%）

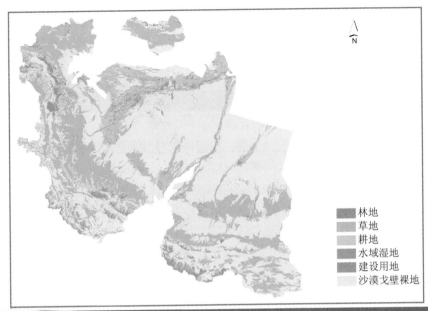

图 4-19　塔里木河荒漠化防治生态功能区生态类型分布图

4.5　水土保持型县域评价结果

水土保持功能的 100 个县域中，生态环境质量以"一般"为主，"脆弱"县域有 43 个，所占比例为 43.0%，"一般"的县域有 55 个，占 55.0%，"良好"的县域有 2 个，占 2.0%。

4.5.1　黄土高原丘陵沟壑水土保持生态功能区

黄土高原丘陵沟壑水土保持生态功能区位于我国黄土高原区，黄土高原是我国水土流失最严重地区之一，长期土壤侵蚀形成了地表千沟万壑支离破碎的景观特征，造就了独特的黄土地貌形态。该功能区涉及山西、陕西、甘肃和宁夏四省份，包括 45 个县域，其中山西 18 个、陕西 10 个、甘肃 9 个、宁夏 8 个。

该功能区整体生态环境质量指数值为 48.23，生态环境质量属于"脆弱"。从图 4-20 可以看出，该功能区生态功能分指数、生态结构分指数、生态扰动分指数、环境质量分指数均低于水土保持生态功能区的平均值。区域生态类型以草地为主，占功能区总面积的 42.69%，其次为耕地和建设用地，占 33.77%，林地占 21.55%，水域湿地为 1.59%。45 个县域中，生态环境质量"一般"的有 8 个，"脆弱"的有 37 个（表 4-11，图 4-21，图 4-22）。

该生态功能区属温带大陆性季风气候，气候较为干旱，植被以干旱、半干旱草原、荒漠草原为主，降水较少且雨热同季，多暴雨，容易引发水土流失，自然生态环境本底脆弱；同时该区域是我国旱作农业重要分布区，农业开发历史悠久，农田开垦使得林草地自然生态空间被挤占，对区域生态功能有明显影响，导致该区域县域生态功能分指数、生态结构分指数、生态扰动分指数均偏低。另一方面该区域具有丰富的矿产资源，特别是煤炭、石油储量丰富，是我国重要的能源工业基地，煤炭、电力及相关工业发展又带来环境污染问题。因此该生态功能区既面临着自然生态环境脆弱带来的水土流失问题，也面临着能源资源开发利用带来的环境污染，还面临着旱作农业带来的面源污染问题，多种生态环境问题交织在一起。

表4-11 黄土高原丘陵沟壑水土保持生态功能区县域生态环境状况

县名	生态功能分指数	生态结构分指数	生态扰动分指数	污染负荷分指数	环境质量分指数	生态环境质量指数值	生态环境质量等级
神池县	7.86	11.47	6.56	52.29	25.00	41.31	脆弱
五寨县	8.50	11.48	6.46	51.82	15.00	38.56	脆弱
岢岚县	8.18	15.84	8.84	53.81	37.50	50.40	一般
河曲县	7.52	10.50	6.15	45.00	39.00	42.12	脆弱
保德县	5.51	12.78	7.50	42.72	20.74	37.09	脆弱
偏关县	7.12	14.05	8.16	52.74	22.56	43.13	脆弱
吉县	6.17	17.40	10.06	52.92	30.75	48.64	脆弱
乡宁县	7.72	16.89	9.63	50.70	34.75	49.60	脆弱
大宁县	6.29	16.77	9.73	53.61	26.13	46.87	脆弱
隰县	6.55	15.80	9.16	52.24	24.60	45.11	脆弱
永和县	5.71	14.80	8.67	54.00	44.92	50.10	一般
蒲县	7.92	18.25	10.47	49.18	26.12	48.23	脆弱
汾西县	6.09	14.64	8.53	50.71	42.01	48.30	脆弱
兴县	8.58	13.44	7.58	51.93	29.87	45.26	脆弱
临县	6.27	12.84	7.40	50.22	34.48	43.96	脆弱
柳林县	4.76	12.81	7.57	28.51	24.67	33.56	脆弱
石楼县	5.74	14.23	8.27	52.27	22.10	42.08	脆弱
中阳县	10.43	17.75	9.93	39.98	29.32	47.47	脆弱
子长县	7.94	11.09	6.51	51.08	39.44	45.04	脆弱
安塞县	11.04	18.46	10.20	52.61	30.00	52.58	一般
志丹县	11.27	16.26	8.98	53.83	17.50	46.95	脆弱
吴起县	10.10	15.53	8.79	53.30	43.08	53.01	一般
绥德县	7.60	16.49	9.52	49.34	21.52	44.78	脆弱
米脂县	7.88	10.61	6.23	46.74	30.23	40.39	脆弱
佳县	7.40	18.77	11.25	50.94	31.17	50.82	一般
吴堡县	10.34	12.66	7.38	40.41	29.88	42.35	脆弱
清涧县	10.47	13.83	8.03	52.58	25.19	45.96	脆弱
子洲县	8.13	12.05	6.96	51.76	42.37	47.24	脆弱
会宁县	6.90	12.61	7.52	52.87	35.00	45.28	脆弱
张家川回族自治县	7.77	13.46	7.73	50.30	44.00	48.56	脆弱
庄浪县	6.76	12.37	6.91	43.12	38.33	42.67	脆弱
静宁县	5.87	11.21	6.54	47.76	35.00	41.37	脆弱
庆城县	6.92	13.96	7.75	53.16	25.00	43.49	脆弱
环县	9.27	13.66	7.71	54.28	25.00	45.24	脆弱

县名	生态功能分指数	生态结构分指数	生态扰动分指数	污染负荷分指数	环境质量分指数	生态环境质量指数值	生态环境质量等级
华池县	7.80	11.14	6.43	54.48	25.00	41.60	脆弱
镇原县	7.68	10.79	6.28	52.95	45.00	46.71	脆弱
通渭县	7.58	11.26	6.64	53.29	25.00	41.32	脆弱
红寺堡区	7.38	16.24	10.02	49.10	20.00	44.28	脆弱
盐池县	10.21	18.90	11.25	53.62	44.75	57.77	一般
同心县	8.50	16.14	9.89	48.51	34.75	49.15	脆弱
西吉县	7.75	20.08	11.80	43.28	15.71	45.44	脆弱
隆德县	12.11	13.12	7.45	48.10	20.46	43.44	脆弱
泾源县	17.80	19.78	11.19	46.23	37.92	59.38	一般
彭阳县	7.20	16.36	9.65	52.83	19.78	45.03	脆弱
海原县	7.88	18.85	11.18	52.40	33.75	52.39	一般
功能区整体	**8.26**	**14.85**	**8.61**	**51.12**	**35.65**	**48.23**	**脆弱**

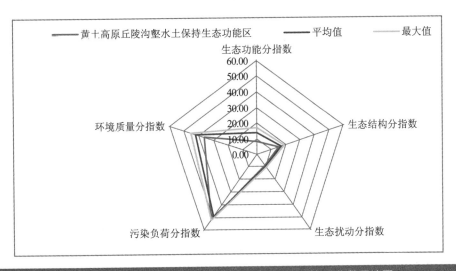

图 4-20　黄土高原丘陵沟壑水土保持生态功能区各分指数雷达图

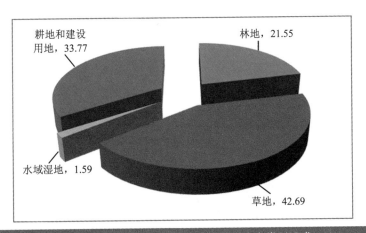

图 4-21　黄土高原丘陵沟壑水土保持生态功能区生态类型组成（%）

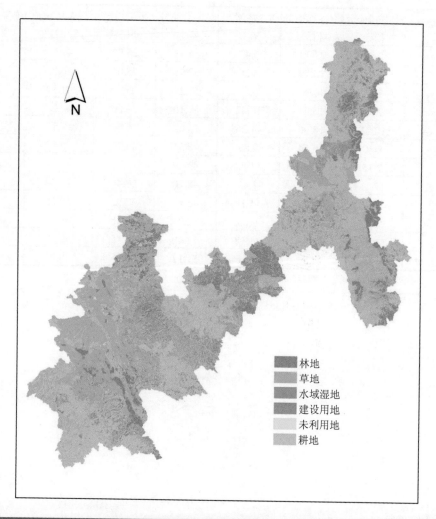

图 4-22　黄土高原丘陵沟壑水土保持生态功能区生态类型分布图

4.5.2　大别山水土保持生态功能区

　　大别山水土保持生态功能区位于河南、湖北和安徽三省交界处，包括 15 个县域，其中河南省 2 个，即新县、商城县；安徽省 6 个，即潜山县、太湖县、岳西县、金寨县、霍山县和石台县；湖北省 7 个，即孝昌县、大悟县、红安县、罗田县、英山县、浠水县和麻城市。大别山是北亚热带与暖温带分界线，也是长江流域与淮河流域分水岭，是我国重要的自然分界线，也是淮河、长江重要水源补给区。

　　该功能区生态环境质量指数值为 56.15，生态环境质量为"一般"（表 4-12）。从图 4-23 可以看出，该区域生态扰动分指数、污染负荷分指数低于所有水土保持功能区的平均值，说明区域耕地和建设用地所占比例较大，污染物排放强度较高。区域生态类型组成也证明这一点，耕地和建设用地比例高达 33.52%，林地所占比例最大，占区域面积的 62.99%（图 4-24，图 4-25）。该区域为亚热带气候，降水充沛，年均降雨量在 1 000 mm 以上，森林覆盖率高，自然生态本底条件好，生态功能分指数和生态结构分指数均比较高，地表水、环境空气质量，生态环境质量比较好。

15 个县域中，生态环境质量"良好"的有 2 个，为安徽省的岳西县和石台县；"一般"的有 8 个，为安徽省的潜山县、太湖县、金寨县、霍山县，河南省新县以及湖北省的罗田县、英山县和麻城市；"脆弱"的有 5 个，为河南省的商城县以及湖北省孝昌县、大悟县、红安县和浠水县（表 4-12）。对比分析 5 个脆弱县的各分指数，发现污染负荷分指数、环境质量分指数与其他县差距不大，但生态功能分指数、生态结构分指数和生态扰动分指数与其他县差距比较大，最明显的差距是生态扰动分指数，为 15 个县域最低（表 4-12）。生态扰动分指数越低表明人类活动对自然生态系统的扰动越大，也就是人类开发建设、农业生产占用自然生态空间比例越大，在此功能区的 15 个县域中，该 5 县域耕地、建设用地所占面积比例均超过县域国土面积的 55%，大大压缩了自然生态空间比例，导致生态功能分指数、生态结构分指数比较低，生态环境质量脆弱。因此在该功能区生态保护中要严格控制开发强度，不断扩大自然生态空间所占面积，提升区域生态系统功能。

表 4-12　大别山水土保持生态功能区县域生态环境状况

县名	生态功能分指数	生态结构分指数	生态扰动分指数	污染负荷分指数	环境质量分指数	生态环境质量指数值	生态环境质量等级
潜山县	19.00	14.97	8.21	46.36	45.00	56.94	一般
太湖县	19.68	16.95	9.34	43.84	45.00	58.84	一般
岳西县	22.18	20.39	11.07	51.38	45.00	66.46	良好
金寨县	20.93	19.23	10.52	52.29	45.00	64.67	一般
霍山县	20.58	20.35	11.10	46.47	45.00	63.87	一般
石台县	22.54	21.24	11.54	52.59	45.00	68.00	良好
新　县	19.04	17.60	9.58	48.26	45.00	60.34	一般
商城县	12.53	10.51	5.87	48.74	45.00	48.36	脆弱
孝昌县	10.47	5.84	3.31	42.73	44.92	40.03	脆弱
大悟县	10.86	10.00	5.47	47.52	43.81	45.83	脆弱
红安县	11.08	9.66	5.34	39.99	44.79	43.69	脆弱
罗田县	15.16	20.66	11.28	47.26	45.00	60.65	一般
英山县	17.49	21.84	11.90	47.50	45.00	63.61	一般
浠水县	9.50	7.63	4.38	40.71	42.55	40.03	脆弱
麻城市	13.97	14.60	8.04	43.45	44.96	52.14	一般
功能区整体	**16.56**	**15.76**	**8.64**	**46.87**	**44.73**	**56.15**	**一般**

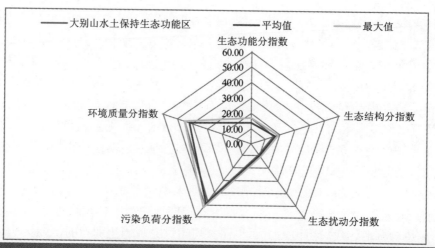

图 4-23 大别山水土保持生态功能区各分指数雷达图

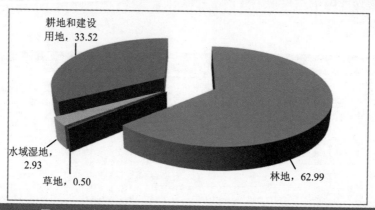

图 4-24 大别山水土保持生态功能区生态类型组成（%）

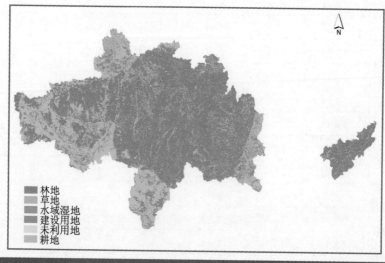

图 4-25 大别山水土保持生态功能区生态类型分布图

4.5.3　桂滇黔喀斯特石漠化防治生态功能区

桂滇黔喀斯特石漠化防治生态功能区是我国岩溶地区石漠化典型分布区，也是最严重的地区。该功能区共有 31 个县域，其中广西壮族自治区有 12 个，贵州省有 14 个，云南省有 5 个。该区域以岩溶为主的特殊环境，区域生态系统非常脆弱，地表土壤一旦流失，生态恢复治理难度极大。

该功能区整体生态环境质量指数值为 57.95，生态环境质量为"一般"。从图 4-26 可以看出，该生态功能区生态功能分指数偏低，低于整个水土保持功能区的平均值。区域生态类型以林地为主，占功能区面积的 64.45%，其余依次为耕地和建设用地，占 20.19%，草地 14.50%，水域湿地 0.85%（表 4-13，图 4-27，图 4-28）。

31 个县域生态环境质量均为"一般"，无"脆弱"和"良好"。人类活动是石漠化形成和发展的因素之一，部分县如广西上林县、天等县、贵州省镇宁、关岭、威宁、赫章、石阡、印江、沿河以及云南省文山市生态扰动分指数值比较低（表 4-13），说明耕地、建设用地所占比例相对较大，区域开发强度较高，因此这些县应该加强石漠化防治以及农业生产方式改进，控制开发建设强度，扩大自然生态空间比例，提升区域生态防护功能。

表 4-13　桂滇黔喀斯特石漠化防治生态功能区县域生态环境状况

县名	生态功能分指数	生态结构分指数	生态扰动分指数	污染负荷分指数	环境质量分指数	生态环境质量指数值	生态环境质量等级
马山县	12.62	18.51	10.17	50.16	35.83	54.71	一般
上林县	13.46	15.85	8.79	49.59	38.71	53.16	一般
凌云县	10.03	19.34	10.53	53.67	45.00	57.53	一般
乐业县	16.05	20.13	11.08	53.95	45.00	62.76	一般
天峨县	12.51	21.77	11.93	54.16	40.00	60.60	一般
凤山县	11.80	20.08	11.02	53.71	42.50	58.89	一般
东兰县	11.26	21.00	11.54	52.55	45.00	59.92	一般
巴马瑶族自治县	12.29	20.87	11.44	53.44	42.78	60.09	一般
都安瑶族自治县	10.53	21.08	11.52	54.02	43.33	59.40	一般
大化瑶族自治县	11.87	20.03	11.08	53.07	44.17	59.26	一般
忻城县	11.91	18.24	10.16	52.29	45.00	57.41	一般
天等县	12.50	17.46	9.60	48.79	45.00	55.83	一般
镇宁布依族苗族自治县	9.53	17.23	9.58	49.88	45.00	53.90	一般
关岭布依族苗族自治县	9.19	16.58	9.30	42.83	44.48	50.74	一般
紫云苗族布依族自治县	10.42	19.37	10.71	52.02	44.00	57.16	一般
威宁彝族回族苗族自治县	9.75	16.97	9.56	51.01	45.00	54.19	一般

县名	生态功能分指数	生态结构分指数	生态扰动分指数	污染负荷分指数	环境质量分指数	生态环境质量指数值	生态环境质量等级
赫章县	10.05	17.28	9.66	50.23	45.00	54.46	一般
江口县	13.89	19.78	10.86	51.88	45.00	60.24	一般
石阡县	11.39	17.16	9.41	46.78	45.00	54.11	一般
印江土家族苗族自治县	10.61	17.25	9.60	44.35	41.67	52.03	一般
沿河土家族自治县	10.55	15.05	8.34	43.62	45.00	50.35	一般
望谟县	10.59	21.02	11.65	53.29	22.26	52.95	一般
册亨县	9.77	21.05	11.79	53.32	25.00	53.32	一般
荔波县	11.76	18.72	10.41	52.55	45.00	57.88	一般
平塘县	11.15	18.13	10.04	52.48	45.00	56.76	一般
罗甸县	14.75	19.17	10.99	53.45	45.00	60.97	一般
文山市	15.47	16.69	9.08	47.69	36.87	54.24	一般
西畴县	18.97	20.82	11.28	51.37	35.00	61.66	一般
马关县	18.25	18.27	9.92	49.82	41.47	59.90	一般
广南县	18.21	18.41	9.99	52.00	45.00	61.73	一般
富宁县	19.46	19.45	10.57	53.23	45.00	64.11	一般
功能区整体	**13.02**	**18.81**	**10.37**	**51.37**	**43.34**	**57.95**	**一般**

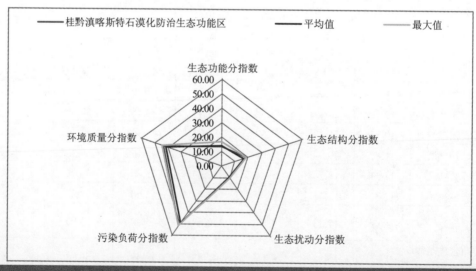

图 4-26　桂黔滇喀斯特石漠化防治生态功能区各分指数雷达图

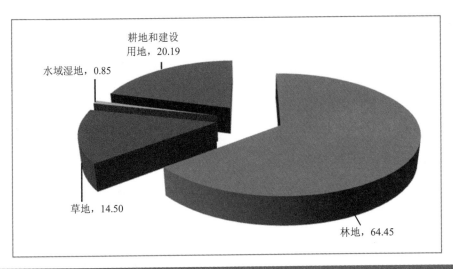

图 4-27　桂滇黔喀斯特石漠化防治生态功能区生态类型组成（%）

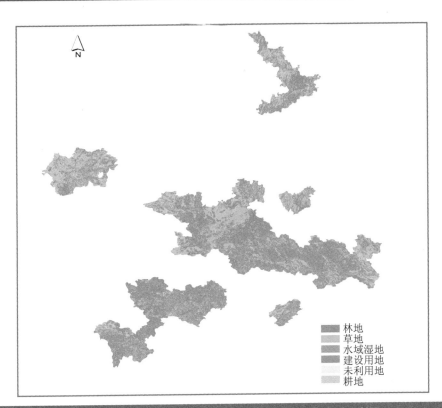

图 4-28　桂滇黔喀斯特石漠化防治生态功能区生态类型分布图

4.5.4　三峡库区水土保持生态功能区

三峡库区水土保持生态功能区位于湖北省和重庆市，包括 9 个县域，其中湖北省 6 个，为宜昌市夷陵区、兴山县、秭归县、长阳县、五峰县及巴东县；重庆市 3 个县，为云阳县、奉节县和巫山县。

该生态功能区整体生态环境质量值为 55.18，生态环境质量属于"一般"。从图 4-29 可以看出，该生态功能区生态功能分指数、生态结构分指数、生态扰动分指数和环境质量分指数均比较高，接近于所有水土保持生态功能区最高值，但是污染负荷指数低于平均值，说明该功能区污染物排放强度在水体保持类型功能区中相对较高。区域生态类型以林地为主，占 68.79%，耕地和建设用地次之，占 27.40%，草地、水域湿地所占比例较低（表 4-14，图 4-30，图 4-31）。

9 个县域中，其中 8 个县域生态环境质量为"一般"，1 个县域即云阳县生态环境质量为"脆弱"。云阳、奉节、巫山、巴东和秭归县生态扰动分指数相对较低，其中云阳县最低（表 4-14）。该区域县域工农业开发强度相对较大，应该控制开发强度，优化空间开发格局，加强水土流失防治，提升林草植被覆盖度，增强区域生态系统水土保持能力。

表 4-14   三峡库区水土保持生态功能区县域生态环境状况

县名	生态功能分指数	生态结构分指数	生态扰动分指数	污染负荷分指数	环境质量分指数	生态环境质量指数值	生态环境质量等级
宜昌市夷陵区	18.88	19.09	10.40	45.30	43.01	60.35	一般
兴山县	19.36	19.85	10.78	49.00	43.84	62.85	一般
秭归县	15.97	17.55	9.69	48.94	43.81	58.07	一般
长阳土家族自治县	18.43	18.87	10.31	48.46	45.00	61.37	一般
五峰土家族自治县	20.45	19.87	10.79	50.38	45.00	64.39	一般
巴东县	17.12	17.36	9.47	49.32	40.73	57.78	一般
云阳县	12.02	13.84	7.70	41.22	44.25	49.13	脆弱
奉节县	14.56	14.97	8.20	43.71	43.41	52.55	一般
巫山县	15.19	16.07	8.82	48.31	43.84	55.70	一般
功能区整体	**16.62**	**17.24**	**9.44**	**46.77**	**43.65**	**57.44**	**一般**

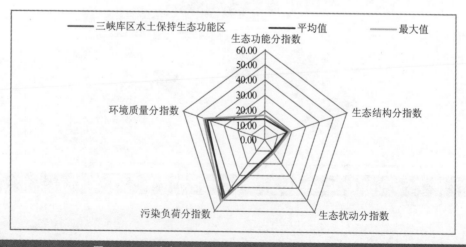

图 4-29   三峡库区水土保持生态功能区各分指数雷达图

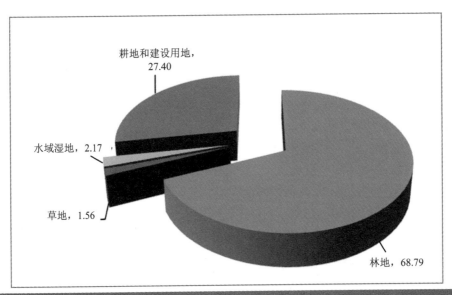

图 4-30 三峡库区水土保持生态功能区生态类型组成（%）

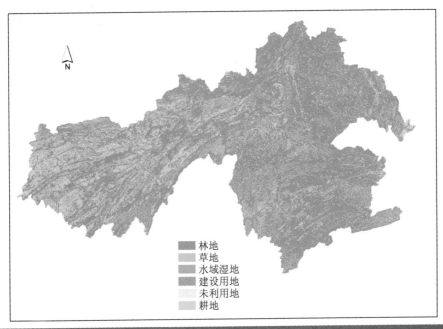

图 4-31 三峡库区水土保持生态功能区生态类型分布图

4.6 水源涵养型县域评价结果

水源涵养功能的 205 个县域中，生态环境质量以"一般"为主，"脆弱"县域有 23 个，所占比例为 11.2%，"一般"的县域有 110 个，占 53.7%，"良好"的县域有 72 个，占 35.1%。

4.6.1 大小兴安岭森林生态功能区

大小兴安岭森林生态功能区位于黑龙江北部和内蒙古东北部,包含 47 个县域,其中内蒙古有 8 个,黑龙江有 39 个。该功能区自然生态条件良好,是我国北方重要生态屏障,也是重要水源涵养区,嫩江、松花江水系及其主要支流均发源于此,该区域也是生物多样性保护重点地区,动植物资源非常丰富。

该功能区整体生态环境质量指数值为 65.85,生态环境质量属于"良好"(表 4-15)。生态功能分指数、生态结构分指数、生态扰动分指数均接近所有水源涵养功能区的最大值,污染负荷分指数也相对较高,处于该类功能区平均水平之上,而环境质量分指数低于该类功能区平均值(图 4-32)。区域生态类型以林地为主,占 66.82%,其余依次为耕地和建设用地、草地和水域湿地,占功能区面积比例分别为 16.27%、9.25% 和 7.60%(图 4-33,图4-34)。

47 个县域中,生态环境质量"良好"的有 25 个,"一般"的有 18 个,"脆弱"的有 4 个,分别为内蒙古的莫力达瓦达斡尔族自治旗和黑龙江的甘南县、伊春市伊春区和西林区(表 4-15)。在四个脆弱县域中,莫力达瓦达斡尔族自治旗和甘南县主要是生态功能分指数、生态结构分指数和生态扰动分指数偏低,深入分析两县的生态类型组成结构,发现其耕地、建设用地所占比例偏高,其中莫力达瓦达斡尔族自治旗耕地和建设用地所占比例接近56%,而甘南县则接近 85%,区域土地开发强度过高,占用了维持生态系统功能的林、草生态空间面积,区域生态功能降低。另外两个脆弱的县域为伊春市伊春区和西林区,主要是由于二氧化硫、化学需氧量排放强度导致污染负荷指数偏低,伊春区作为伊春市政府所在地,人口数量较多,污染物排放量大,而辖区面积不足 100 km²;西林区矿产资源丰富,工业门类较多,其中黑龙江最大的钢铁企业位于此处,污染物排放量大,而辖区面积较小,排放强度高。

尽管该生态功能区生态环境质量比较好,但由于过去几十年曾作为我国木材主要产区,高强度开发导致的原始森林大面积消失、森林龄组结构失衡、湿地面积萎缩、土壤侵蚀加剧、黑土层流失等问题仍然存在,仍需要加强保护。此外,部分县域国土开发强度大要引起高度重视。

表 4-15 大小兴安岭森林生态功能区县域生态环境状况

县名	生态功能分指数	生态结构分指数	生态扰动分指数	污染负荷分指数	环境质量分指数	生态环境质量指数值	生态环境质量等级
阿荣旗	18.21	13.84	6.36	49.46	41.52	59.44	一般
莫力达瓦达斡尔族自治旗	11.24	9.52	4.41	52.57	28.42	47.50	脆弱
鄂伦春自治旗	25.07	20.03	9.19	54.28	25.00	64.28	一般
牙克石市	25.18	20.09	9.27	52.04	29.29	65.25	良好
扎兰屯市	21.06	17.88	8.18	50.74	44.00	66.17	良好
额尔古纳市	23.27	20.02	9.22	53.87	27.73	64.14	一般
根河市	23.12	21.80	9.94	54.16	45.00	72.57	良好

县名	生态功能分指数	生态结构分指数	生态扰动分指数	污染负荷分指数	环境质量分指数	生态环境质量指数值	生态环境质量等级
阿尔山市	21.75	20.89	9.52	53.96	44.96	70.86	良好
方正县	19.05	15.42	7.05	46.96	41.26	60.20	一般
木兰县	15.54	12.98	5.98	48.54	32.72	53.21	一般
通河县	20.17	16.65	7.63	51.15	45.00	65.13	良好
延寿县	13.27	12.97	5.91	49.08	42.78	56.03	一般
尚志市	18.13	14.53	6.61	49.78	43.50	60.88	一般
五常市	14.34	11.51	5.26	47.43	45.00	55.64	一般
甘南县	2.96	3.19	1.50	43.78	31.64	34.76	脆弱
伊春区	19.48	16.43	7.53	0.01	40.00	42.06	脆弱
南岔区	25.02	20.26	9.22	50.22	35.83	67.12	良好
友好区	22.04	21.31	9.70	52.69	28.33	64.24	一般
西林区	25.55	20.62	9.39	0.01	38.33	48.67	脆弱
翠峦区	24.63	21.22	9.67	54.23	28.33	66.33	良好
新青区	21.67	20.86	9.49	51.22	28.33	63.03	一般
美溪区	25.97	21.57	9.81	53.37	28.33	67.09	良好
金山屯区	26.00	21.52	9.79	52.80	28.33	66.84	良好
五营区	26.00	21.56	9.80	51.60	28.33	66.39	良好
乌马河区	24.27	20.60	9.37	52.72	38.33	68.97	良好
汤旺河区	26.00	21.64	9.87	52.21	28.33	66.72	良好
带岭区	25.65	21.05	9.57	50.09	28.33	65.13	良好
乌伊岭区	26.00	21.34	9.77	53.68	38.33	71.07	良好
红星区	21.57	21.40	9.73	52.76	38.33	68.06	良好
上甘岭区	24.49	20.77	9.45	52.47	38.33	69.14	良好
嘉荫县	21.23	17.58	8.02	54.06	45.00	67.72	良好
铁力市	23.29	18.24	8.36	50.08	45.00	67.97	良好
爱辉区	21.37	19.05	8.71	52.93	44.17	68.32	良好
嫩江县	15.77	12.35	5.77	53.80	45.00	59.85	一般
逊克县	21.48	18.74	8.56	54.43	34.17	64.71	一般
孙吴县	20.26	15.11	7.03	53.13	43.08	63.93	一般
北安市	18.20	12.73	6.00	46.13	30.00	52.61	一般
五大连池市	15.03	11.88	5.72	53.85	24.14	50.77	一般
庆安县	18.58	14.26	6.63	43.64	45.00	59.14	一般
绥棱县	18.84	13.87	6.46	41.61	45.00	58.14	一般
加格达奇区	22.14	20.99	9.60	54.03	44.67	71.12	良好
松岭区	23.41	19.08	8.75	53.29	35.00	66.06	良好
新林区	25.61	21.80	9.95	54.58	35.00	70.25	良好
呼中区	25.23	21.90	9.96	54.57	15.00	62.09	一般
呼玛县	25.89	21.01	9.62	53.93	45.00	73.49	良好
塔河县	24.26	21.80	9.92	54.07	45.00	73.22	良好
漠河县	22.88	21.78	9.92	54.44	45.00	72.53	良好
功能区整体	**21.54**	**18.25**	**8.37**	**52.37**	**40.00**	**65.85**	**良好**

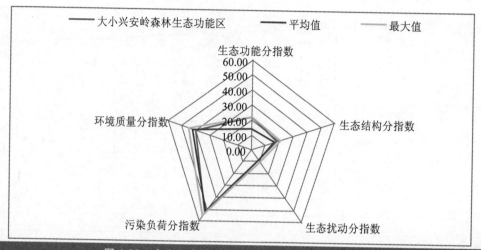

图 4-32　大小兴安岭森林生态功能区各分指数雷达图

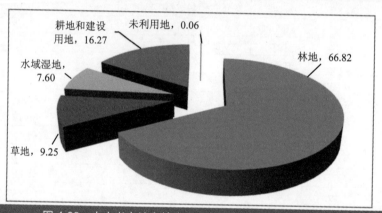

图 4-33　大小兴安岭森林生态功能区生态类型组成（%）

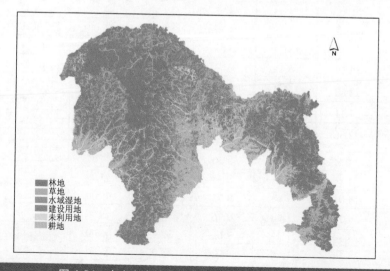

图 4-34　大小兴安岭森林生态功能区生态类型分布图

4.6.2　长白山森林生态功能区

长白山森林生态功能区位于我国东北长白山脉，行政区域上涉及吉林省东部和黑龙江东南部，包括 15 个县域，其中吉林省 10 个，属于白山市和延边州；黑龙江省 5 个，均属于牡丹江市。该区域是松花江、图们江、鸭绿江三江发源地，也是我国重要的生物多样性保护区域，野生动植物种类丰富，特有物种数量多，形成独特的长白植物区系。

该生态功能区生态环境质量指数值为 64.89，生态环境属于"一般"。生态环境质量相对较好，生态功能分指数达到所有水源涵养功能区最大值，生态结构分指数、生态扰动分指数、环境质量分指数和污染负荷分指数接近于水源涵养功能区平均水平（图 4-35）。区域生态类型以林地为主，占区域面积比例 75.60%，第二位是耕地和建设用地，占 20.21%，水域湿地和草地所占比例均较低（表 4-16，图 4-36，图 4-37）。15 个县域中，生态环境质量"良好"的有 7 个，"一般"的有 8 个，无"脆弱"（表 4-16）。该功能区自然生态条件较好，但是需要控制开发强度，优化开发格局，尽可能扩大生态空间所占比例。

表 4-16　长白山森林生态功能区县域生态环境状况

县名	生态功能分指数	生态结构分指数	生态扰动分指数	污染负荷分指数	环境质量分指数	生态环境质量指数值	生态环境质量等级
白山市浑江区	20.93	16.42	7.48	24.07	44.71	54.41	一般
白山市江源区	22.01	17.76	8.07	32.27	30.00	53.61	一般
抚松县	21.70	19.47	8.90	51.14	45.00	68.50	良好
靖宇县	22.92	18.09	8.24	47.57	30.00	60.57	一般
长白朝鲜族自治县	23.45	19.08	8.68	51.49	45.00	69.32	良好
临江市	22.80	18.75	8.53	46.52	30.00	60.66	一般
敦化市	21.19	16.95	7.72	49.91	40.71	63.76	一般
和龙市	24.32	19.03	8.65	50.76	44.46	69.29	良好
汪清县	24.83	19.32	8.78	52.04	34.17	66.24	良好
安图县	21.11	19.44	8.85	52.71	41.56	67.35	良好
东宁县	22.56	17.90	8.14	52.57	41.00	66.58	良好
林口县	17.20	14.49	6.60	52.92	42.50	61.13	一般
海林市	22.59	18.18	8.28	51.85	41.56	66.80	良好
宁安市	18.01	15.06	6.87	52.13	42.50	61.82	一般
穆棱市	18.70	15.73	7.15	52.57	39.58	61.82	一般
功能区整体	**20.57**	**17.52**	**7.98**	**50.72**	**42.40**	**64.89**	**一般**

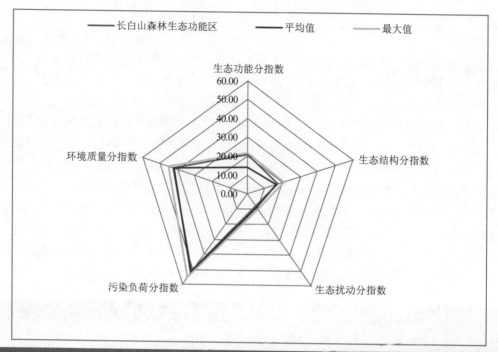

图 4-35　长白山森林生态功能区各分指数雷达图

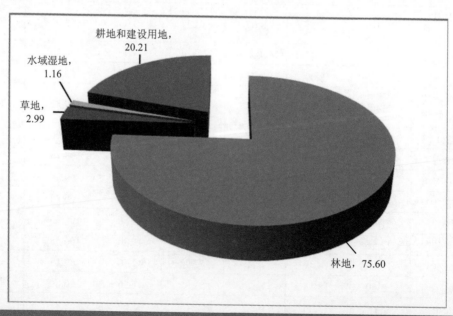

图 4-36　长白山森林生态功能区生态类型组成（%）

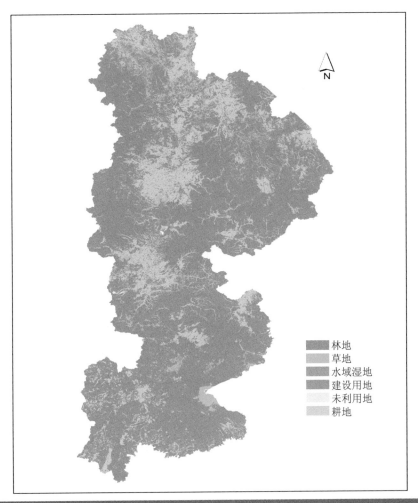

图 4-37　长白山森林生态功能区生态类型分布图

4.6.3　京津水源地水源涵养功能区

京津水源地水源涵养功能区包括 8 个县域，其中张家口市 4 个，即蔚县、阳原县、怀来县和涿鹿县；承德市 4 个，即承德县、兴隆县、滦平县和宽城县。

该功能区整体生态环境质量指数值为 53.95，生态环境质量为"一般"；生态环境质量在所有水源涵养功能区中相对较差，生态功能、生态结构、生态扰动、环境质量和污染负荷五个分指数均处于所有水源涵养功能区的平均值以下（图 4-38）。区域生态类型以林地为主，占功能区面积的 51.31%，其余依次为耕地和建设用地、草地、水域湿地，所占比例分别为 27.91%、19.12% 和 1.30%（表 4-17，图 4-39，图 4-40）。8 个县域中，生态环境质量"脆弱"的有 3 个，"一般"的有 5 个，无"良好"，脆弱的三个县分别为蔚县、阳原县和怀来县（表 4-17），主要是生态功能、生态结构和生态扰动分指数偏低，进一步分析三县生态类型组成数据，耕地、建设用地占县域面积比例分别达到 44.22%、57.99% 和 48.70%，压缩了自然生态空间比例，导致生态功能、生态结构分指数偏低。

　　该功能区是京津地区重要水源地的涵养区，也是滦河、潮河上游源头，但区域整体生态功能一般，耕地和建设用地所占比例较高，土地开发强度大，特别是三个生态环境质量"脆弱"的县域，耕地和建设用地占县域国土面积比例均接近 50%，同时工业、农业开发造成的环境污染也不容忽视，极大地影响了区域生态系统水源涵养功能发挥。

表 4-17　京津水源地水源涵养功能区县域生态环境状况

县名	生态功能分指数	生态结构分指数	生态扰动分指数	污染负荷分指数	环境质量分指数	生态环境质量指数值	生态环境质量等级
蔚　县	8.58	12.17	5.58	49.58	33.45	49.02	脆弱
阳原县	3.90	9.16	4.20	49.32	33.63	43.54	脆弱
怀来县	10.04	11.06	5.13	43.43	32.45	46.09	脆弱
涿鹿县	10.85	15.46	7.07	46.39	40.36	54.73	一般
承德县	16.42	17.68	8.08	45.38	30.20	55.54	一般
兴隆县	14.97	20.08	9.16	49.92	40.62	62.74	一般
滦平县	12.60	17.74	8.12	43.61	36.97	55.31	一般
宽城满族自治县	11.74	18.60	8.50	40.82	43.81	57.16	一般
功能区整体	**11.80**	**15.75**	**7.21**	**46.29**	**36.44**	**53.95**	**一般**

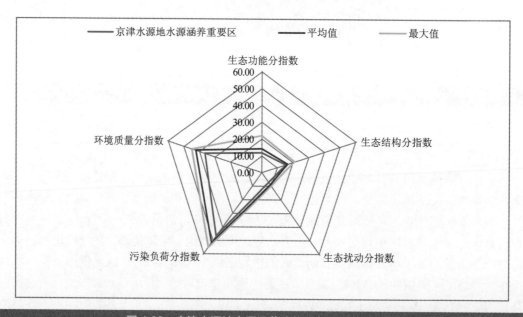

图 4-38　京津水源地水源涵养功能区各分指数雷达图

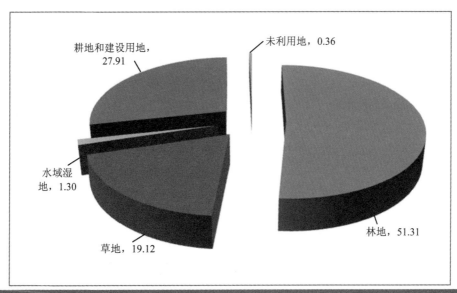

图 4-39　京津水源地水源涵养功能区生态类型组成（%）

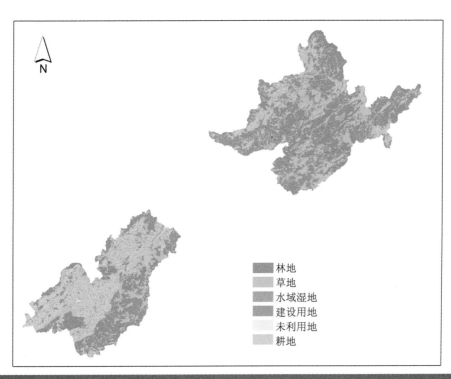

图 4-40　京津水源地水源涵养功能区生态类型分布图

4.6.4　南水北调中线工程水源涵养生态功能区

南水北调中线工程水源涵养生态功能区位于南水北调中线丹江口水库周边及汉江、丹江上游地区，涉及河南、湖北和陕西三省，包括 43 个县市区，其中河南省 6 个，湖北省 9

个，陕西省 28 个。

该生态功能区整体生态环境质量评价值为 61.22，生态环境质量为"一般"。生态功能、生态结构、环境质量分指数处于水源涵养功能类型均值之上，而污染负荷、生态扰动分指数处于水源涵养功能类型均值以下（图 4-41）。区域生态类型以林地为主，占功能区总面积的 62.74%，其余依次为耕地和建设用地、草地、水域湿地，所占面积比例分别为 24.11%、11.52%和 1.50%（图 4-42，图 4-43）。

43 个县域中，生态环境质量"良好"的有 14 个，"一般"的有 24 个，"脆弱"的有 5 个，即河南省的内乡县和邓州市、湖北十堰的张湾区和茅箭区、陕西省汉中市汉台区（表 4-18）。5 个"脆弱"的县域中，其中十堰市张湾区、茅箭区和汉中市汉台区属于地级市的建成区之一，土地开发程度高，再加上这些区域人口密集，工业发达，污染物排放强度比较大以及地表水、环境空气质量较差，生态环境质量比较差。另外两个县为河南的内乡县和邓州市，主要体现生态系统功能的指标如生态功能分指数、生态结构分指数、生态扰动分指数和污染负荷分指数均比较低，分析两个县的生态类型组成发现，体现人类对自然生态系统扰动的耕地、建设用地比例均很高，内乡县为 42%，邓州市则高达 97%，区域土地开发强度较高，同时污染物排放强度也增大，县域生态环境质量"脆弱"。

				表 4-18 南水北调水源涵养功能区县域生态环境状况			
县名	生态功能分指数	生态结构分指数	生态扰动分指数	污染负荷分指数	环境质量分指数	生态环境质量指数值	生态环境质量等级
栾川县	21.36	19.53	8.88	50.65	43.71	67.60	良好
卢氏县	18.68	18.32	8.34	51.95	44.53	65.79	良好
西峡县	21.30	18.13	8.26	47.13	44.30	65.19	良好
内乡县	10.17	12.69	5.78	38.88	42.68	49.81	脆弱
淅川县	11.67	12.06	5.57	50.05	42.90	54.76	一般
邓州市	0.45	0.54	0.26	22.72	34.45	23.61	脆弱
十堰市茅箭区	22.56	17.69	8.04	18.63	32.72	49.52	脆弱
十堰市张湾区	22.50	17.77	8.09	7.49	32.16	44.88	脆弱
郧县	18.47	15.54	7.16	49.67	45.00	62.57	一般
郧西县	18.36	19.03	8.72	52.12	45.00	66.52	良好
竹山县	18.08	16.27	7.41	50.75	45.00	63.36	一般
竹溪县	18.36	16.26	7.42	50.89	45.00	63.58	一般
房县	19.92	17.97	8.17	51.85	45.00	66.38	良好
丹江口市	17.70	17.95	8.25	48.16	43.21	62.89	一般
神农架林区	20.38	19.28	8.94	53.61	44.97	68.59	良好
汉中市汉台区	8.60	7.75	3.55	37.31	42.32	43.79	脆弱
南郑县	14.27	14.71	6.69	47.86	44.58	58.38	一般
城固县	14.95	15.93	7.25	43.77	43.87	57.94	一般
洋县	15.40	16.79	7.64	48.15	44.62	61.00	一般

县名	生态功能分指数	生态结构分指数	生态扰动分指数	污染负荷分指数	环境质量分指数	生态环境质量指数值	生态环境质量等级
西乡县	17.25	15.58	7.09	46.26	44.09	60.09	一般
勉　县	15.84	15.05	6.86	40.76	41.69	55.63	一般
宁强县	14.62	15.66	7.12	52.63	41.67	60.16	一般
略阳县	16.65	16.91	7.69	48.81	43.28	61.59	一般
镇巴县	17.79	17.02	7.74	53.90	45.00	65.09	良好
留坝县	24.88	20.42	9.31	54.28	35.00	68.48	良好
佛坪县	22.64	19.11	8.73	54.33	35.00	66.02	良好
安康市汉滨区	12.54	13.81	6.29	45.50	39.26	53.49	一般
汉阴县	11.60	13.48	6.13	48.97	45.00	56.31	一般
石泉县	16.00	17.93	8.16	50.37	41.67	62.06	一般
宁陕县	22.76	19.49	8.88	54.33	45.00	70.42	良好
紫阳县	16.53	15.51	7.06	50.80	45.00	61.78	一般
岚皋县	23.42	18.68	8.51	50.74	45.00	68.66	良好
平利县	20.95	17.67	8.03	51.38	45.00	66.54	良好
镇坪县	26.00	20.63	9.40	52.55	45.00	72.64	良好
旬阳县	11.49	15.63	7.12	49.08	45.00	58.18	一般
白河县	13.99	18.07	8.22	51.02	42.92	61.74	一般
商洛市商州区	9.18	18.57	8.45	48.30	43.29	58.36	一般
洛南县	10.54	17.13	7.81	44.74	44.30	56.91	一般
丹凤县	15.34	18.09	8.23	48.12	45.00	62.24	一般
商南县	22.65	18.48	8.41	46.74	45.00	66.42	良好
山阳县	11.88	18.02	8.20	49.67	45.00	60.73	一般
镇安县	13.66	15.88	7.22	52.07	45.00	60.89	一般
柞水县	15.74	18.47	8.40	46.04	45.00	61.98	一般
功能区整体	**16.59**	**16.64**	**7.59**	**48.52**	**43.30**	**61.22**	**一般**

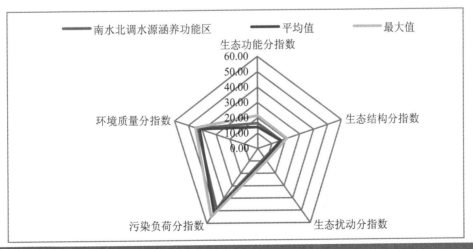

图 4-41　南水北调水源涵养功能区各分指数雷达图

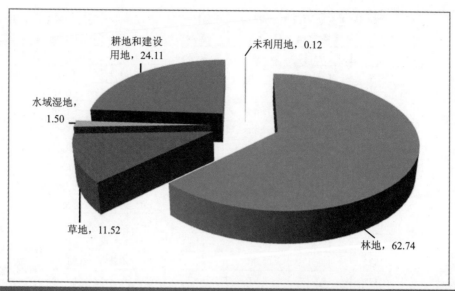

图 4-42   南水北调水源涵养功能区生态类型组成（%）

图 4-43   南水北调水源涵养功能区生态类型分布图

4.6.5   南岭山地森林及生物多样性生态功能区

南岭山地是我国江南最大的横向构造带山脉，是长江与珠江流域的分水岭，是东江、北江、西江等河流的重要源头。南岭山地森林及生物多样性生态功能区在行政区域上涉及江西、湖南、广东和广西四省区，包括 36 个县域，其中江西 9 个，湖南 12 个，广东 11个和广西 4 个。

该生态功能区整体生态环境质量评价值为 63.05，生态环境质量为"一般"。生态功能、生态结构分指数、环境质量分指数位于水源涵养功能区平均值以上，污染负荷分指数低于水源涵养功能区均值，生态扰动分指数也相对较低（图 4-44）。该功能区生态类型以林地为主，占区域面积的 74.69%，第二为耕地和建设用地，占 19.39%，草地、水域湿地分别占 4.58%和 1.22%（图 4-45，图 4-46）。

36 个县域中，生态环境质量"良好"的有 11 个，"一般"的有 24 个，"脆弱"的有 1 个，即湖南省嘉禾县，主要由于一方面该县域开发强度较大，耕地和建设用地占县域面积接近 50%，另一方面当地污染物排放强度高（表 4-19）。

该区域属亚热带季风气候，处于中亚热带南缘，地带性植被亚热带常绿阔叶林，自然生态条件优越，但整体生态环境质量一般，从区域生态类型组成来看，耕地和建设用地所占比例较高，区域开发强度较大，今后应该控制开发强度，优化开发格局，扩大自然生态空间所占比例。此外，该功能区内诸如江西省赣南 8 县是我国重要稀土产地，矿产资源开采、冶炼过程中环境风险比较高，应该高度重视生态修复和环境污染治理。

表 4-19　南岭山地森林及生物多样性生态功能区县域生态环境状况

县名	生态功能分指数	生态结构分指数	生态扰动分指数	污染负荷分指数	环境质量分指数	生态环境质量指数值	生态环境质量等级
大余县	19.35	16.41	7.55	41.94	41.32	59.28	一般
上犹县	17.12	15.01	6.86	47.70	38.50	57.87	一般
崇义县	22.38	18.09	8.25	50.75	41.84	66.26	良好
安远县	19.42	17.19	7.85	49.69	35.42	60.72	一般
龙南县	18.93	17.04	7.79	47.12	42.81	62.23	一般
定南县	18.55	16.78	7.76	41.23	42.50	59.34	一般
全南县	21.30	17.47	7.99	49.64	43.54	65.33	良好
寻乌县	14.46	16.49	7.60	50.21	39.58	59.05	一般
井冈山市	21.73	17.81	8.12	48.87	45.00	66.14	良好
炎陵县	22.03	18.92	8.61	52.38	45.00	68.69	良好
绥宁县	22.95	19.34	8.79	51.42	28.57	62.64	一般
宜章县	16.98	16.40	7.46	30.65	44.00	54.36	一般
嘉禾县	10.45	11.18	5.10	27.96	45.00	45.22	脆弱
临武县	17.77	17.09	7.77	40.83	44.66	59.78	一般
汝城县	20.03	17.55	7.99	50.59	45.00	65.58	良好
桂东县	18.66	17.12	7.79	47.49	45.00	63.13	一般
双牌县	23.11	19.91	9.07	46.60	44.39	67.64	良好
宁远县	16.17	15.53	7.06	41.45	44.23	57.53	一般
蓝山县	21.23	18.66	8.49	41.21	44.17	63.18	一般
新田县	14.28	14.49	6.59	37.07	44.14	53.70	一般
靖州苗族侗族自治县	21.22	19.00	8.64	49.77	40.91	65.59	良好
始兴县	20.46	18.44	8.39	50.88	44.59	66.56	良好

县名	生态功能分指数	生态结构分指数	生态扰动分指数	污染负荷分指数	环境质量分指数	生态环境质量指数值	生态环境质量等级
仁化县	21.22	18.31	8.34	46.86	44.27	65.18	良好
乳源瑶族自治县	20.93	18.77	8.63	51.48	45.00	67.59	良好
乐昌市	18.28	17.47	7.95	40.24	45.00	60.31	一般
南雄市	15.65	14.86	6.79	47.05	44.71	59.08	一般
平远县	21.60	18.24	8.30	44.85	45.00	64.83	一般
蕉岭县	23.12	18.45	8.40	39.81	45.00	63.90	一般
兴宁市	17.23	15.88	7.23	34.94	43.75	55.68	一般
龙川县	19.48	16.41	7.48	49.76	45.00	63.92	一般
连平县	18.59	18.19	8.29	49.53	42.50	63.85	一般
和平县	16.72	18.53	8.43	50.75	30.00	58.51	一般
融水苗族自治县	18.86	18.78	8.55	51.35	40.71	64.54	一般
三江侗族自治县	15.53	19.31	8.80	50.94	39.75	62.46	一般
龙胜各族自治县	21.76	19.81	9.01	53.73	45.00	69.84	良好
资源县	17.18	19.65	8.94	53.30	37.86	63.92	一般
功能区整体	**19.13**	**17.68**	**8.06**	**47.15**	**43.15**	**63.05**	**一般**

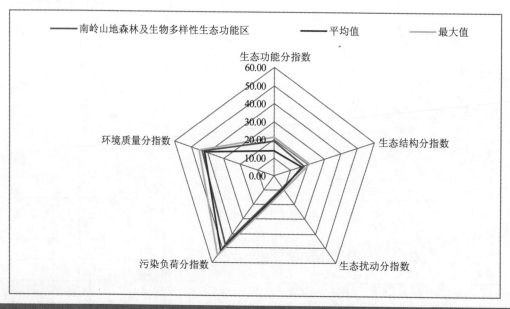

图 4-44 南岭山地森林及生物多样性生态功能区各分指数雷达图

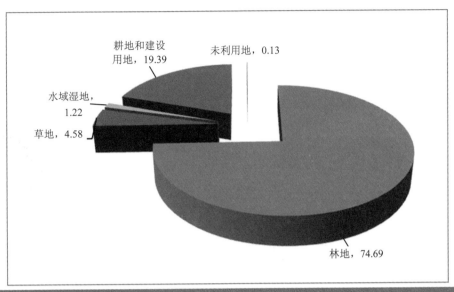

耕地和建设
用地，19.39

未利用地，0.13

水域湿地，
1.22

草地，4.58

林地，74.69

图 4-45 南岭山地森林及生物多样性生态功能区生态类型组成（%）

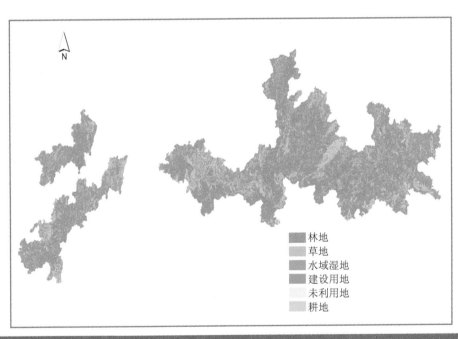

林地
草地
水域湿地
建设用地
未利用地
耕地

图 4-46 南岭山地森林及生物多样性生态功能区生态类型分布图

4.6.6 阿尔泰山地森林草原生态功能区

阿尔泰山地森林草原生态功能区位于新疆北部的阿勒泰地区，包括 7 个县区，分别为阿勒泰市、布尔津县、富蕴县、福海县、哈巴河县、青河县和吉木乃县。区域属干旱荒漠气候，但阿尔泰山山地效应使得气候和植被具有明显的垂直带谱，发育有大面积的山地寒温带针叶林，同时也是重要的水源涵养区，额尔齐斯河和乌伦古河均发源于此。

　　该生态功能区整体生态环境质量评价值为 51.56，生态环境质量属"一般"。区域生态功能、生态结构和环境质量分指数比较低，均低于水源涵养功能平均值，生态扰动分指数高于平均值，污染负荷分指数接近功能区最大值（表 4-20，图 4-47）。区域生态类型以未利用的戈壁荒漠为主，占区域面积的 52.21%，其次为山地草原，占 34.96%，林地占 7.04%（图 4-48，图 4-49）。7 个县域中，生态环境质量"一般"的有 5 个，即阿勒泰市、布尔津县、哈巴河县、青河县和吉木乃县；生态环境质量"脆弱"的有 2 个，即富蕴县和福海县（表 4-20）。该生态功能区水源涵养功能主要是山地森林、山地草原，主要分布在功能区西部的县域，而位于区域东南部的吉木乃县、富蕴县、福海县和青河县绝大部分面积处于干旱荒漠区，山地森林、山地草原所占比例较低，生态功能分指数和生态结构分指数均比较低，生态环境比较脆弱。

表 4-20　阿尔泰山地森林草原生态功能区县域生态环境状况

县名	生态功能分指数	生态结构分指数	生态扰动分指数	污染负荷分指数	环境质量分指数	生态环境质量指数值	生态环境质量等级
阿勒泰市	10.26	16.29	9.37	51.74	37.50	57.24	一般
布尔津县	10.39	16.75	9.45	53.97	43.75	61.04	一般
富蕴县	4.40	7.50	9.84	51.40	40.00	49.60	脆弱
福海县	2.61	5.42	9.64	54.59	29.50	44.24	脆弱
哈巴河县	9.35	17.40	9.39	50.29	23.33	51.13	一般
青河县	4.91	10.03	9.85	54.41	37.59	51.67	一般
吉木乃县	3.51	9.93	9.71	54.49	45.00	53.68	一般
功能区整体	**5.34**	**9.74**	**9.67**	**53.06**	**38.73**	**51.56**	**一般**

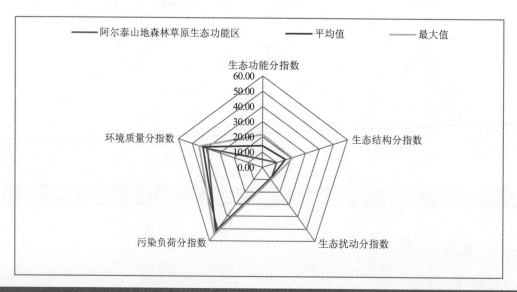

图 4-47　阿尔泰山地森林草原生态功能区各分指数雷达图

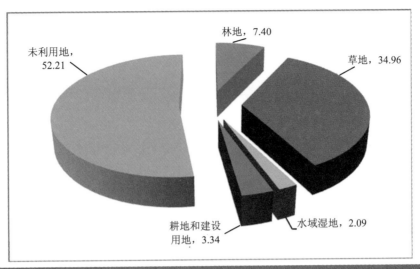

图 4-48　阿尔泰山地森林草原生态功能区生态类型组成（%）

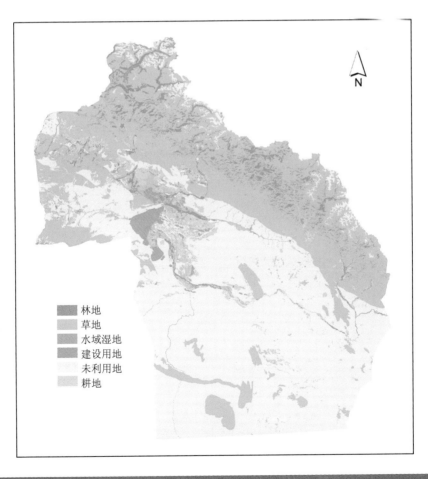

图 4-49　阿尔泰山地森林草原生态功能区生态类型分布图

4.6.7 祁连山冰川与水源涵养生态功能区

祁连山冰川与水源涵养生态功能区位于甘肃省和青海省交界处，包括 14 个县域，其中甘肃省 10 个，青海省 4 个，是黑河、石羊河、疏勒河、大通河等诸多河流的源头区，也是河西走廊绿洲的基本保障，水源涵养功能极为重要。

该生态功能区整体生态环境质量评价值为 53.99，生态环境质量为"一般"。区域生态功能、生态结构分指数低于水源涵养功能区的平均水平之下，环境质量、污染负荷和生态扰动分指数均较高，接近生态功能区最高值（表 4-21，图 4-50）。区域生态类型以干旱的戈壁荒漠等未利用类型为主，占区域面积近 49%，其次为草地，占 35.78%，林地占 5.98%，水域湿地、耕地和建设用地分别占 4.84% 和 4.53%（图 4-51，图 4-52）。14 个县域中，生态环境质量"良好"的有 1 个，即青海省刚察县；"一般"的有 7 个，"脆弱"的有 6 个，即永昌县、民勤县、古浪县、民乐县、肃北蒙古族自治县和阿克塞哈萨克族自治县，均属甘肃省（表 4-21）。

该区属干旱荒漠气候区，祁连山山地效应形成了山地植被垂直带谱，出现了以荒漠戈壁为基带，山地森林、灌丛、高山草甸和高寒草原等不同植被类型的垂直带。功能区北部甘肃省的 6 个县主要均位于河西走廊，干旱荒漠生态系统为主导，而山地森林、草原等具备较好水源涵养功能生态类型所占比例较低，生态环境质量相对较差，而青海省 4 个位于功能区南部的县域，植被以高寒草原为主，生态环境质量相对较好。祁连山作为河西走廊干旱荒漠绿洲的水源保证，要加强山地植被的保护，控制载畜量，避免山地草原超载过牧，维持并不断改善生态系统水源涵养功能。

表 4-21 祁连山冰川与水源涵养生态功能区县域生态环境状况

县名	生态功能分指数	生态结构分指数	生态扰动分指数	污染负荷分指数	环境质量分指数	生态环境质量指数值	生态环境质量等级
永登县	8.58	19.31	8.80	50.14	32.53	55.08	一般
永昌县	2.56	7.58	7.33	43.44	44.30	45.58	脆弱
民勤县	0.25	1.49	8.93	51.29	45.00	44.92	脆弱
古浪县	2.80	8.03	7.47	51.26	41.67	48.15	脆弱
天祝藏族自治县	10.66	18.37	8.78	49.70	45.00	60.56	一般
肃南裕固族自治县	7.23	13.29	9.89	54.69	45.00	58.12	一般
民乐县	4.16	8.55	6.65	45.48	43.18	47.09	脆弱
山丹县	5.60	12.80	7.76	51.06	45.00	54.12	一般
肃北蒙古族自治县	1.86	6.12	10.00	54.97	41.50	49.38	脆弱
阿克塞哈萨克族自治县	0.57	1.34	9.99	54.97	45.00	47.13	脆弱
门源回族自治县	10.85	16.04	8.94	53.77	45.00	61.01	一般

县名	生态功能分指数	生态结构分指数	生态扰动分指数	污染负荷分指数	环境质量分指数	生态环境质量指数值	生态环境质量等级
祁连县	12.28	18.24	9.95	54.70	45.00	64.16	一般
刚察县	16.15	19.87	9.66	54.68	45.00	67.28	良好
天峻县	11.35	18.32	9.98	54.45	45.00	63.57	一般
功能区整体	**5.57**	**10.16**	**9.55**	**53.63**	**43.44**	**53.99**	**一般**

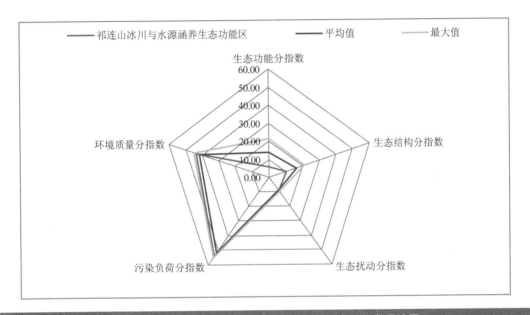

图 4-50　祁连山冰川与水源涵养生态功能区各分指数雷达图

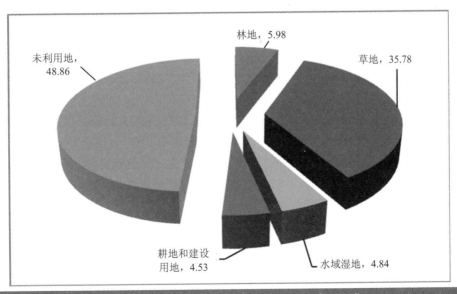

图 4-51　祁连山冰川与水源涵养生态功能区生态类型组成（%）

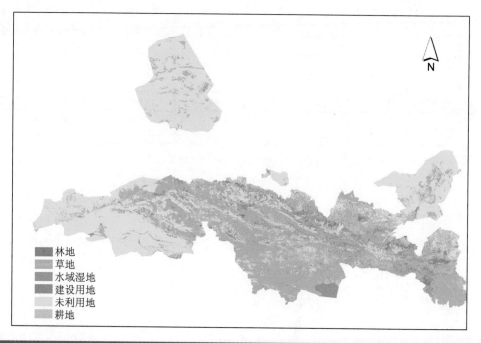

图 4-52 祁连山冰川与水源涵养生态功能区生态类型分布图

4.6.8 甘南黄河重要水源补给生态功能区

甘南黄河重要水源补给生态功能区位于甘肃南部的临夏回族自治州和甘南藏族自治州，包括 10 个县域，其中临夏州 4 个，即临夏县、康乐县、和政县及积石山县，甘南州 6 个，即合作市、临潭县、卓尼县、玛曲县、碌曲县、夏河县。

该生态功能区整体生态环境质量指数值为 63.68，生态环境质量为"一般"。生态功能分指数比较低，生态结构、生态扰动、环境质量、污染负荷分指数较高，接近水源涵养功能区最大值（表 4-22，图 4-53）。区域生态类型以草地为主，占区域面积的 56.38%，其余依次为林地、耕地和建设用地、水域湿地和未利用地，所占比例分别为 26.09%、8.89%、6.18% 和 2.45%（图 4-54，图 4-55）。

10 个县域中，生态环境质量"良好"的有 1 个，即玛曲县；"一般"的有 7 个，"脆弱"的有 2 个，即临夏县和康乐县（表 4-22）。按照行政区域划分，甘南州 6 县生态环境质量均好于临夏州 4 县，原因在于一方面甘南州 6 县自然生态系统状况要好于临夏州 4 县，生态功能分指数、生态结构分指数、生态扰动分指数均相对较高，区域自然生态空间比例较高，开发强度较低，生态系统水源涵养功能较强。以表征区域开发强度的耕地和建设用地指标为例，甘南州 6 县中有 5 县不足 8%，只有临潭县接近 27%；而临夏州 4 县中，临夏和康乐接近 45%，和政县和积石山县为 38%。另一方面甘南州 6 县污染物排放强度要低于临夏州 4 县，污染负荷指数较高（表 4-22）。

表 4-22　甘南黄河重要水源补给生态功能区县域生态环境状况

县名	生态功能分指数	生态结构分指数	生态扰动分指数	污染负荷分指数	环境质量分指数	生态环境质量指数值	生态环境质量等级
临夏县	5.99	11.72	5.39	46.68	43.50	49.93	脆弱
康乐县	5.67	12.34	5.64	36.87	45.00	46.93	脆弱
和政县	6.64	13.01	6.17	50.21	43.00	52.78	一般
积石山保安族东乡族撒拉族自治县	5.44	13.27	6.17	49.83	44.25	52.56	一般
合作市	12.81	19.99	9.16	50.96	44.71	63.45	一般
临潭县	9.00	16.07	7.32	52.05	35.00	54.25	一般
卓尼县	16.65	20.31	9.46	53.77	35.00	63.36	一般
玛曲县	14.31	20.52	9.99	54.88	45.00	66.85	良好
碌曲县	15.55	21.73	9.97	54.81	35.00	64.27	一般
夏河县	10.83	20.29	9.45	54.75	42.50	63.24	一般
功能区整体	**12.79**	**19.38**	**9.11**	**53.18**	**44.10**	**63.68**	**一般**

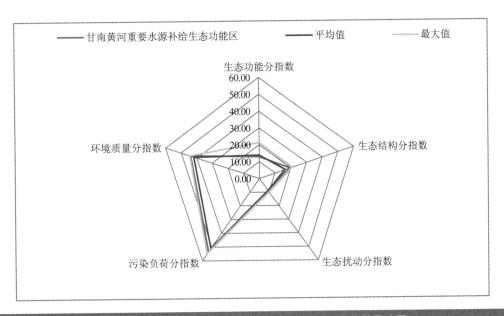

图 4-53　甘南黄河重要水源补给生态功能区各分指数雷达图

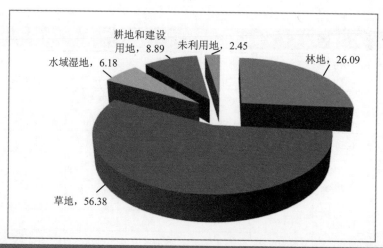

图 4-54 甘南黄河重要水源补给生态功能区生态类型组成（%）

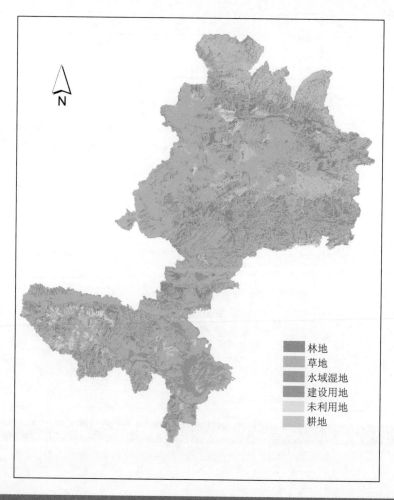

图 4-55 甘南黄河重要水源补给生态功能区生态类型分布图

4.6.9　若尔盖草原湿地生态功能区

若尔盖草原湿地生态功能区位于四川省阿坝藏族羌族自治州，包括阿坝县、红原县、若尔盖县3个县域，是黄河与长江水系分水地带，区内地貌以高原丘陵为主，地势平坦，沼泽湿地众多，植被主要以高寒草甸、沼泽草甸为主，有少量亚高山森林及灌丛。

该生态功能区整体生态环境质量评价值为67.12，生态环境质量为"良好"，3个县域生态环境质量也均为"良好"（表4-23）。区域生态功能分指数相对较低，而生态结构、生态扰动、环境质量、污染负荷分指数均为水源涵养功能最大值（表4-23，图4-56）。区域生态系统以高寒草原为主，占60.77%，其次为林地，占22.85%，水域湿地占12.44%，耕地建设用地以及未利用地所占比例均很低（图4-57，图4-58）。

该区域目前主要生态问题有沼泽萎缩、草甸退化甚至沙化，需要加强保护，严格控制放牧强度，改变畜牧业生产经营方式，严禁沼泽湿地疏干改造，提升生态系统涵养水源和水文调节功能。

表4-23　若尔盖草原湿地生态功能区县域生态环境状况

县名	生态功能分指数	生态结构分指数	生态扰动分指数	污染负荷分指数	环境质量分指数	生态环境质量指数值	生态环境质量等级
阿坝县	12.18	21.33	9.90	54.88	45.00	66.00	良好
若尔盖县	17.29	20.44	9.87	54.79	44.53	68.29	良好
红原县	14.43	20.88	9.91	54.85	45.00	67.07	良好
功能区整体	**14.64**	**20.89**	**9.89**	**54.84**	**44.84**	**67.12**	**良好**

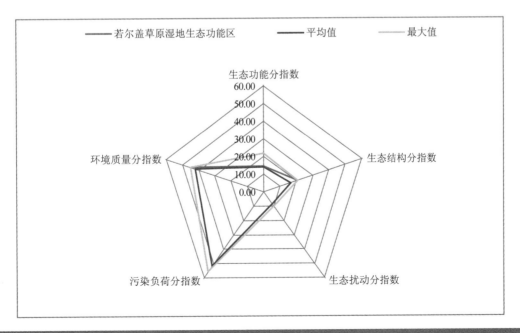

图4-56　若尔盖草原湿地生态功能区各分指数雷达图

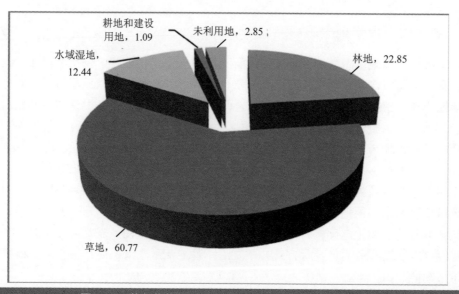

图 4-57　若尔盖草原湿地生态功能区生态类型组成（%）

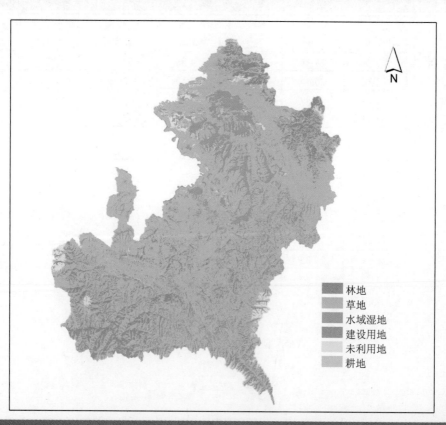

图 4-58　若尔盖草原湿地生态功能区生态类型分布图

4.6.10　三江源草原草甸湿地生态功能区

三江源草原草甸湿地生态功能区位于青海省南部，包括 22 个县市，其中黄南州 4 个，海南州 5 个，果洛州 6 个，玉树州 6 个以及海西州 1 个，即格尔木市。该区域是长江、黄河、澜沧江的源头区，被誉为"中华水塔"，也是我国重要的生物多样性资源宝库，为高寒生物自然种质资源库。

该生态功能区整体生态环境质量评价值为 63.72，生态环境质量为"一般"。区域生态功能分指数较低，低于水源涵养功能区的平均值；生态结构、生态扰动、环境质量、污染负荷分指数较高，接近水源涵养功能区的最大值（表 4-24，图 4-59）。区域生态类型以草地为主，占 68.87%，其次为水域湿地，占 12.19%，未利用地占 12.17%，林地占 6.02%（图 4-60，图 4-61）。22 个县域中，生态环境质量"良好"的有 13 个，"一般"的有 9 个，无"脆弱"类型（表 4-24）。

该功能区主要生态问题是草地退化，局部地区甚至出现荒漠化，需要加强生态系统保护，改变畜牧业生产方式，加大生态保护工程实施力度，提升生态系统涵养水源能力。

表 4-24　三江源草原草甸湿地生态功能区县域生态环境状况

县名	生态功能分指数	生态结构分指数	生态扰动分指数	污染负荷分指数	环境质量分指数	生态环境质量指数值	生态环境质量等级
同仁县	14.16	20.90	9.53	54.17	45.00	66.43	良好
尖扎县	14.23	19.83	9.06	53.36	45.00	65.21	良好
泽库县	15.26	21.20	9.87	54.88	45.00	67.75	良好
河南蒙古族自治县	15.01	21.77	9.99	54.86	45.00	68.00	良好
共和县	12.60	19.20	9.66	54.73	39.29	62.48	一般
同德县	12.72	19.94	9.10	54.66	45.00	64.92	一般
贵德县	9.55	19.14	9.04	53.58	35.00	58.07	一般
兴海县	12.16	19.96	9.75	54.79	45.00	65.04	良好
贵南县	11.99	18.16	9.18	54.75	45.00	63.50	一般
玛沁县	11.79	19.35	9.98	54.75	41.25	63.08	一般
班玛县	13.75	21.84	9.99	54.92	45.00	67.31	良好
甘德县	13.30	20.76	9.99	54.94	44.25	66.10	良好
达日县	12.18	20.81	10.00	54.95	45.00	65.77	良好
久治县	12.80	21.42	9.97	54.96	43.50	65.89	良好
玛多县	13.37	20.89	9.99	54.98	41.25	65.04	良好
玉树县	12.43	19.84	9.98	54.72	41.25	63.73	一般
杂多县	13.27	19.34	10.00	54.95	43.50	64.94	一般
称多县	11.88	20.80	9.99	54.94	42.75	64.67	一般
治多县	14.47	20.19	10.00	54.98	42.00	65.59	良好
囊谦县	12.28	20.76	10.00	54.86	45.00	65.76	良好
曲麻莱县	15.26	20.76	10.00	54.98	43.50	67.00	良好
格尔木市	7.39	15.03	9.95	54.68	44.74	59.19	一般
功能区整体	**11.95**	**18.91**	**9.93**	**54.83**	**43.29**	**63.72**	**一般**

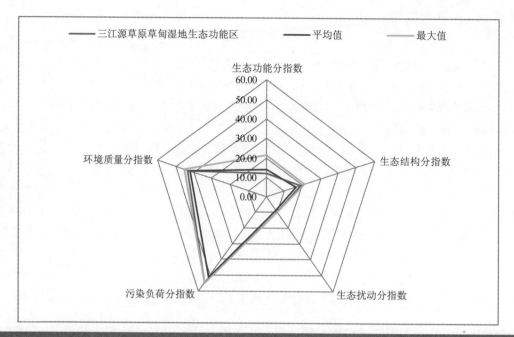

图 4-59 三江源草原草甸湿地生态功能区各分指数雷达图

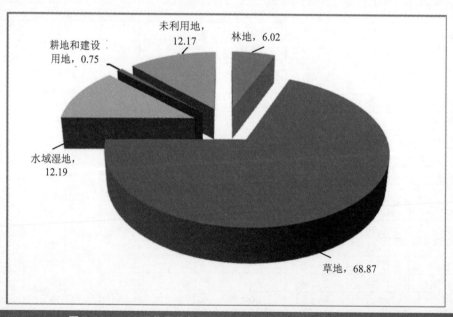

图 4-60 三江源草原草甸湿地生态功能区生态类型组成（%）

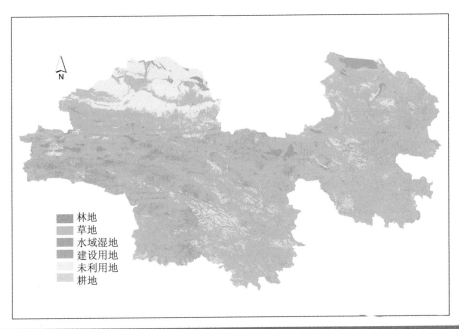

图 4-61 三江源草原草甸湿地生态功能区生态类型分布图

4.7 生物多样性维护型县域评价结果

生物多样性维护功能的 120 个县域中，生态环境质量以"良好"为主，"脆弱"县域有 4 个，所占比例为 3.3%，"一般"的县域有 44 个，占 36.7%，"良好"的县域有 72 个，占 60%。

4.7.1 三江平原湿地生态功能区

三江平原湿地生态功能区位于黑龙江省松花江下游与乌苏里江汇合处，涉及 7 个县市，分别为鸡西市的虎林市、密山市，鹤岗市的绥滨县，双鸭山市的饶河县和佳木斯市的抚远县、同江市和富锦市。该区是我国平原地区沼泽分布面积最大、最集中的地区之一，湿地生态系统类型多样，生物多样性丰富。

该生态功能区整体生态环境质量指数值为 51.62，生态环境质量为"一般"。生态功能、生态结构、生态扰动和环境质量分指数较低，均低于生物多样性维护功能类型的平均值，污染负荷分指数高于平均值（表 4-25，图 4-62）。区域生态类型以耕地和建设用地为主，占区域面积比例 63.22%，林地占 18.52%，水域湿地占 13.61，沼泽草甸占 4.63%（图 4-63，图 4-64）。

7 个县域中，生态环境质量"一般"的有 3 个，即虎林市、密山市和饶河县；其余 4 个县均为"脆弱"，无"良好"县域（表 4-25）。该区域自然生态条件较好，但是生态环境质量相对较差，主要原因是区域土地开发强度大，7 个县域中，耕地和建设用地所占比例从高到低依次为富锦市（86.05%）、绥滨县（79.08%）、同江市（74.22%）、抚远县（66.88%）、虎林市（53.47%）、密山市（51.11%）和饶河县（39.36%），因此富锦、绥滨、同江和抚远生态环境质量为脆弱。土地高强度开发导致沼泽湿地和草甸等自然生态空间严重压缩，而且空间格局上的破碎化，同时，污染物排放强度较高，影响了区域生态系统生物多样性维护功能。

表 4-25　三江平原湿地生态功能区县域生态环境状况

县名	生态功能分指数	生态结构分指数	生态扰动分指数	污染负荷分指数	环境质量分指数	生态环境质量指数值	生态环境质量等级
虎林市	14.80	10.33	5.58	54.11	36.94	54.85	一般
密山市	12.74	9.89	5.87	52.47	38.12	53.33	一般
绥滨县	8.79	4.25	2.51	52.02	45.00	48.14	脆弱
饶河县	18.58	14.36	7.28	53.35	45.00	63.47	一般
抚远县	11.67	6.37	3.97	52.99	26.04	44.82	脆弱
同江市	10.00	5.34	3.09	53.18	22.12	41.18	脆弱
富锦市	8.93	2.77	1.67	51.14	25.00	38.48	脆弱
功能区整体	**12.49**	**7.87**	**4.41**	**52.81**	**39.07**	**51.62**	**一般**

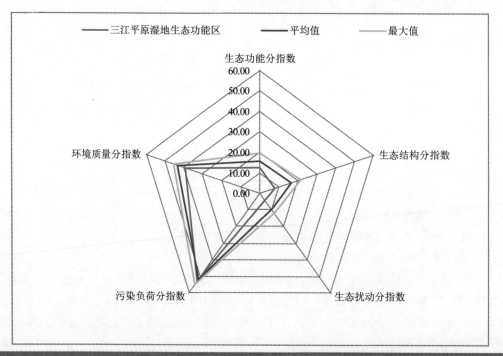

图 4-62　三江平原湿地生态功能区各分指数雷达图

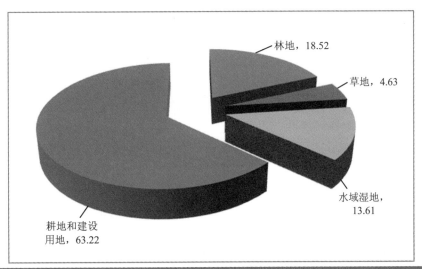

图 4-63　三江平原湿地生态功能区生态类型组成（%）

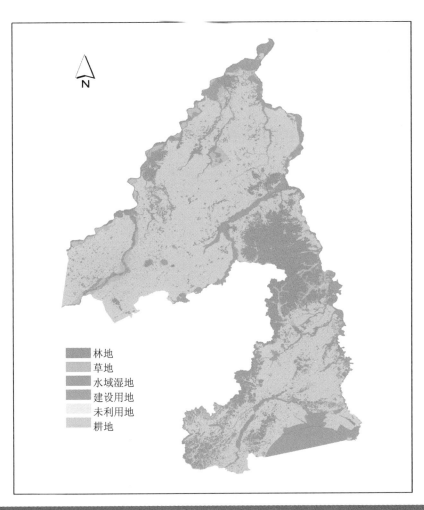

图 4-64　三江平原湿地生态功能区生态类型分布图

4.7.2 秦巴生物多样性生态功能区

秦巴生物多样性生态功能区位于秦岭山地和大巴山地，处于我国亚热带与暖温带过渡带，秦岭是我国重要的生态地理分界线，是我国乃至东亚地区暖温带与北亚热带地区生物多样性最丰富的地区之一，也是渭河南岸诸多支流的发源地和嘉陵江、汉江及丹江水源涵养区。在行政区域上，涉及湖北、重庆、四川、陕西及甘肃5省市，共包括19个县域，其中湖北省2个，即南漳县和保康县；重庆市2个，即城口县和巫溪县；四川省5个，即旺苍、青川、万源、通江和南江；陕西3个，即凤县、周至县和太白县；甘肃省7个，即陇南市武都区、文县、宕昌县、康县、两当县、舟曲县和迭部县。按照秦岭大巴山空间分布，所包括的县域不止上述19个，其余县域目前都归为南水北调中线工程水源涵养生态功能区内，按照水源涵养功能类型进行评述。

该生态功能区整体生态环境质量评价值为64.91，生态环境质量为"一般"，但是接近良好水平。生态功能、生态结构、环境质量分指数处于该类功能区平均水平以上，生态扰动和污染负荷分指数接近功能区平均水平（表4-26，图4-65）。区域生态类型以林地为主，占65.21%，其次为耕地和建设用地，占23.57%，草地占9.04%（图4-66，图4-67）。19个县域中，生态环境质量"良好"的有10个，"一般"的有9个，无"脆弱"类型（表4-26）。该生态功能区自然生态条件较好，林地覆盖率高，同时区域开发强度比较大，今后要加强开发监管，优化区域开发格局，提升生态系统服务功能。

表4-26 秦巴生物多样性生态功能区县域生态环境状况

县名	生态功能分指数	生态结构分指数	生态扰动分指数	污染负荷分指数	环境质量分指数	生态环境质量指数值	生态环境质量等级
南漳县	20.77	17.61	8.52	47.50	45.00	65.14	良好
保康县	20.19	19.99	9.62	53.11	45.00	69.13	良好
城口县	20.49	21.16	10.33	51.77	44.75	69.80	良好
巫溪县	21.34	19.59	9.54	50.48	44.38	68.23	良好
旺苍县	21.91	18.81	9.08	44.27	44.04	65.21	良好
青川县	19.71	16.56	8.13	53.00	42.42	64.80	一般
万源市	16.81	18.74	9.55	50.17	44.75	65.03	良好
通江县	20.72	17.55	8.50	50.45	45.00	66.24	良好
南江县	19.39	16.90	8.20	48.66	43.91	63.72	一般
周至县	19.67	17.54	8.91	49.84	36.64	62.26	一般
凤　县	22.83	21.71	10.59	52.46	44.84	72.00	良好
太白县	24.85	22.63	11.18	54.57	45.00	75.02	良好
武都区	8.42	12.84	6.64	44.66	44.75	52.50	一般
文　县	12.14	18.10	9.05	54.38	38.00	60.52	一般
宕昌县	10.21	15.17	7.71	53.77	45.00	59.36	一般
康　县	10.11	14.86	7.56	53.74	45.00	59.01	一般
两当县	14.43	18.66	9.82	51.48	41.00	62.74	一般
舟曲县	15.49	20.96	10.51	54.47	35.00	63.96	一般
迭部县	16.97	21.23	11.68	54.44	45.00	69.70	良好
功能区整体	**17.48**	**18.34**	**9.17**	**51.14**	**43.64**	**64.91**	**一般**

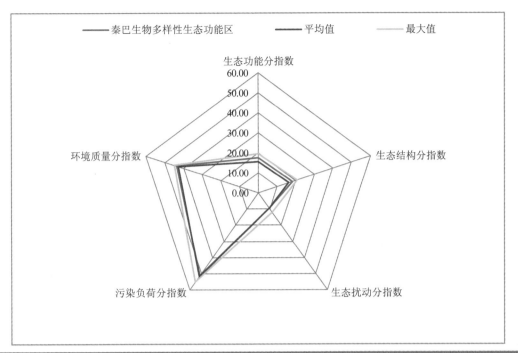

图 4-65　秦巴生物多样性生态功能区各分指数雷达图

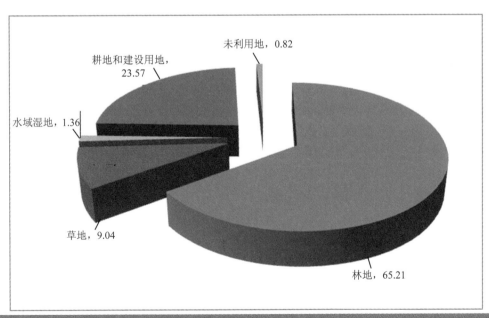

图 4-66　秦巴生物多样性生态功能区生态类型组成（%）

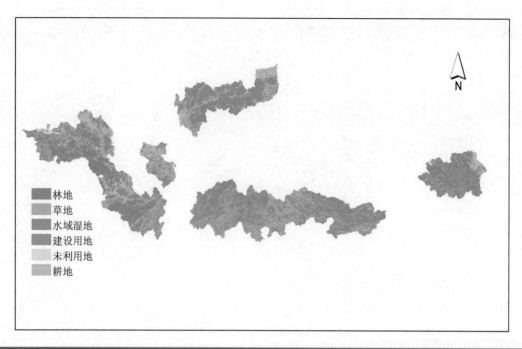

图 4-67 秦巴生物多样性生态功能区生态类型分布图

4.7.3 川滇森林及生物多样性生态功能区

川滇森林及生物多样性生态功能区位于四川省和云南省，共包括 47 个县域，其中四川省 34 个，涉及绵阳市、雅安市、阿坝州、甘孜州和凉山州；云南省 13 个，涉及丽江市、红河州、版纳州、大理州、怒江州和迪庆州。该区域珍稀动植物资源十分丰富，是我国乃至世界生物多样性保护重要区域，区域内的岷山—邛崃山、横断山以及西双版纳热带雨林更是生物多样性富集中心，同时也具有重要的水源涵养功能和水土保持功能。

该生态功能区整体生态环境质量评价值为 68.60，生态环境质量为"良好"。生态功能、生态结构、生态扰动、环境质量和污染负荷分指数均比较高，接近该类功能区最大值（表 4-27，图 4-68）。区域生态类型以林地为主，占 50.63%，其次为草地，占 32.51%，未利用地、水域湿地、耕地和建设用地所占比例分别为 10.24%、3.17% 和 3.54%（图 4-69，图 4-70）。47 个县域中，生态环境质量"良好"的有 45 个，"一般"的有 2 个，即四川省石渠县和云南省泸水县（表 4-27）。

该生态功能区尽管生态环境状况比较好，但生态系统比较脆弱，青藏高原的高寒草原生态系统面临传统畜牧业的压力，也是气候变化敏感区；横断山区、青藏高原与四川盆地过渡区高山深谷地形，存在着水土流失的风险；西双版纳热带雨林存在原始雨林被蚕食，人工种植经济林扩张导致生境破碎化问题；同时区域内矿产、水电资源开发会带来新的生态破坏和环境污染，需要加强生态环境保护，严格开发监管，改变生产方式，保护自然生境。

表 4-27　川滇森林及生物多样性生态功能区县域生态环境状况

县名	生态功能分指数	生态结构分指数	生态扰动分指数	污染负荷分指数	环境质量分指数	生态环境质量指数值	生态环境质量等级
北川羌族自治县	23.06	21.48	10.66	50.99	43.75	71.02	良好
平武县	22.35	20.38	10.59	53.94	42.50	70.56	良好
天全县	23.02	22.23	11.16	51.79	45.00	72.56	良好
宝兴县	21.45	21.72	11.79	53.86	45.00	72.52	良好
汶川县	18.00	17.71	11.84	53.56	43.77	67.46	良好
理县	15.82	18.29	11.91	54.66	45.00	67.48	良好
茂县	18.75	21.32	11.61	53.23	44.88	70.24	良好
松潘县	18.64	19.39	11.70	54.80	45.00	69.76	良好
九寨沟	19.82	20.79	11.69	54.51	45.00	71.18	良好
金川县	18.46	20.04	11.76	54.52	45.00	69.96	良好
小金县	15.68	17.39	11.53	54.55	45.00	66.58	良好
黑水县	16.53	19.41	11.67	54.61	45.00	68.41	良好
马尔康县	17.43	20.36	11.91	54.70	45.00	69.70	良好
壤塘县	14.35	19.42	11.89	54.93	45.00	67.37	良好
康定县	14.82	19.37	11.91	54.67	45.00	67.53	良好
泸定县	17.52	17.64	11.61	53.90	45.00	67.61	良好
丹巴县	19.13	21.02	12.00	54.73	43.50	70.58	良好
九龙县	18.83	19.16	11.84	54.87	40.00	67.85	良好
雅江县	20.92	21.24	11.82	54.92	45.00	72.35	良好
道孚县	17.13	19.54	11.85	54.87	45.00	69.06	良好
炉霍县	18.72	20.87	11.76	54.82	45.00	70.74	良好
甘孜县	15.30	19.04	11.94	54.85	45.00	67.71	良好
新龙县	16.35	19.69	11.97	54.95	44.33	68.52	良好
德格县	16.20	19.39	11.89	54.94	45.00	68.46	良好
白玉县	14.96	19.04	11.83	54.95	45.00	67.47	良好
石渠县	10.07	16.29	11.95	54.97	45.00	62.97	一般
色达县	16.94	19.51	11.95	54.92	45.00	69.01	良好
理塘县	15.30	18.46	11.87	54.90	45.00	67.33	良好
巴塘县	15.38	17.04	11.87	54.89	45.00	66.53	良好
乡城县	19.80	21.96	11.94	54.89	45.00	72.18	良好
稻城县	16.74	19.32	11.76	54.93	45.00	68.66	良好
得荣县	16.65	20.78	11.85	54.89	45.00	69.53	良好
木里藏族自治县	21.13	21.90	11.35	54.84	45.00	72.57	良好
盐源县	20.29	20.34	10.78	54.10	45.00	70.48	良好
玉龙纳西族自治县	21.32	20.44	10.33	54.71	40.00	69.14	良好
屏边苗族自治县	20.86	20.49	9.86	53.98	40.71	68.60	良好

县名	生态功能分指数	生态结构分指数	生态扰动分指数	污染负荷分指数	环境质量分指数	生态环境质量指数值	生态环境质量等级
金平苗族瑶族傣族自治县	16.42	21.75	10.47	52.80	39.66	66.17	良好
勐海县	17.56	22.91	11.02	51.85	43.42	69.00	良好
勐腊县	18.18	24.08	11.60	51.58	42.41	69.91	良好
剑川县	19.94	18.89	9.60	53.01	45.00	68.26	良好
泸水县	19.91	20.53	10.24	52.13	33.91	64.82	一般
福贡县	19.43	22.63	11.61	54.61	34.17	67.71	良好
贡山独龙族怒族自治县	18.96	21.68	11.97	54.76	35.00	67.46	良好
兰坪白族普米族自治县	19.28	18.95	10.19	52.78	38.13	65.41	良好
香格里拉县	20.06	19.44	11.53	54.38	43.18	69.65	良好
德钦县	17.10	18.07	11.69	54.22	45.00	67.81	良好
维西傈僳族自治县	20.48	20.09	10.76	54.44	42.50	69.57	良好
功能区整体	**17.43**	**19.70**	**11.59**	**54.41**	**44.02**	**68.60**	**良好**

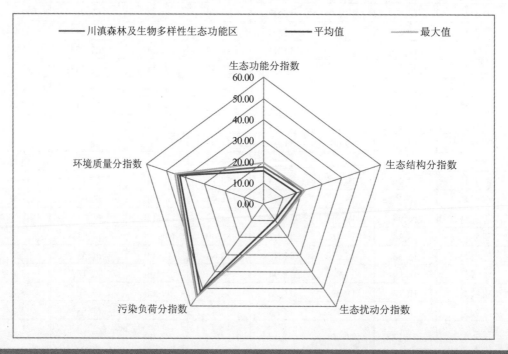

图 4-68 川滇森林及生物多样性生态功能区各分指数雷达图

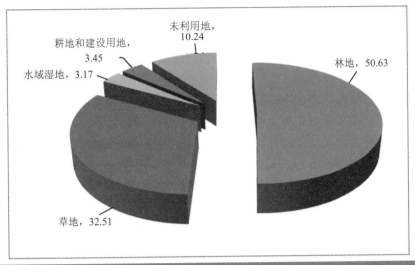

图 4-69 川滇森林及生物多样性生态功能区生态类型组成（%）

图 4-70 川滇森林及生物多样性生态功能区生态类型分布图

4.7.4　武陵山区生物多样性与水土保持生态功能区

武陵山区生物多样性与水土保持生态功能区涉及湖北、湖南和重庆市，包括 30 个县域，其中湖北省 6 个，湖南省 19 个，重庆市 5 个。该区域是东亚亚热带植物区系分布核心区，有多种国家级珍稀濒危物种。

该生态功能区整体生态环境质量评价值为 63.73，生态环境质量为"一般"。生态功能、生态结构分指数高于该类功能区平均值，生态扰动、环境质量、污染负荷分指数低于该类功能区平均值（表 4-28，图 4-71）。区域生态系统以林地为主，占 71.93%，其次为耕地和建设用地，占 23.68%，水域湿地、草地所占比例比较小（图 4-72，图 4-73）。30 个县域中，生态环境质量"良好"的县域有 11 个，"一般"的有 19 个（表 4-28）。该区域自然条件优越，降水丰富，生态环境本底条件好，但是区域开发强度较大，工农业生产占用自然生态空间比例较高，污染物排放强度大。区域矿产资源丰富，著名的"锰三角"主要位于该功能区范围内，矿产资源开采、冶炼以及尾矿库对生态环境的影响需要高度重视，要实行最严格的环境监管措施。

表 4-28　武陵山区生物多样性与水土保持生态功能区县域生态环境状况

县名	生态功能分指数	生态结构分指数	生态扰动分指数	污染负荷分指数	环境质量分指数	生态环境质量指数值	生态环境质量等级
利川市	18.42	18.81	9.06	50.24	44.03	65.48	良好
建始县	19.91	18.56	8.95	48.07	42.75	64.78	一般
宣恩县	19.44	19.79	9.54	52.08	45.00	68.09	良好
咸丰县	20.33	18.63	8.97	49.53	44.69	66.44	良好
来凤县	18.62	15.96	7.70	45.89	42.82	60.85	一般
鹤峰县	23.00	21.74	10.47	52.31	44.37	71.80	良好
石门县	19.42	20.00	9.82	43.97	41.28	63.65	一般
张家界永定区	19.69	18.06	8.75	44.38	40.82	61.98	一般
张家界武陵源区	22.21	20.91	10.10	49.91	41.25	68.40	良好
慈利县	13.24	17.33	8.61	47.52	41.53	59.12	一般
桑植县	17.45	20.13	9.90	45.21	44.50	64.37	一般
沅陵县	17.45	20.28	9.97	51.37	36.88	63.93	一般
辰溪县	16.90	17.85	8.65	40.71	42.46	59.30	一般
会同县	21.61	21.69	10.49	49.34	38.81	67.53	良好
麻阳苗族自治县	22.55	19.66	9.51	46.62	44.57	67.51	良好
新晃侗族自治县	20.80	20.52	9.87	47.41	41.56	66.30	良好
芷江侗族自治县	16.42	18.16	8.77	47.05	41.80	61.55	一般

县名	生态功能分指数	生态结构分指数	生态扰动分指数	污染负荷分指数	环境质量分指数	生态环境质量指数值	生态环境质量等级
吉首市	16.22	20.71	10.09	43.11	36.44	60.03	一般
泸溪县	19.34	20.85	10.09	49.06	43.95	67.37	良好
凤凰县	18.85	18.15	8.74	50.12	44.00	65.09	良好
花垣县	12.74	18.84	9.16	44.21	42.76	59.23	一般
保靖县	14.79	19.68	9.72	48.01	43.19	63.00	一般
古丈县	16.36	21.99	10.74	52.01	45.00	68.26	良好
永顺县	13.78	19.87	9.70	51.83	43.33	64.07	一般
龙山县	13.72	19.93	9.74	50.36	43.17	63.44	一般
武隆县	16.66	15.33	7.54	46.90	34.21	56.16	一般
石柱土家族自治县	19.61	17.59	8.54	47.58	43.70	63.96	一般
秀山土家族苗族自治县	17.97	16.80	8.13	46.89	36.45	59.07	一般
酉阳土家族苗族自治县	17.54	16.64	8.10	50.14	41.65	62.08	一般
彭水苗族土家族自治县	17.14	15.65	7.60	50.74	43.64	61.99	一般
功能区整体	**17.87**	**18.82**	**9.16**	**48.53**	**42.02**	**63.73**	**一般**

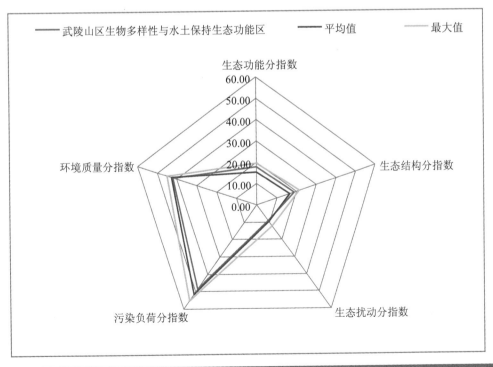

图 4-71　武陵山区生物多样性与水土保持生态功能区各分指数雷达图

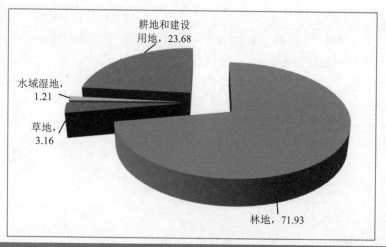

图 4-72 武陵山区生物多样性与水土保持生态功能区生态类型组成（%）

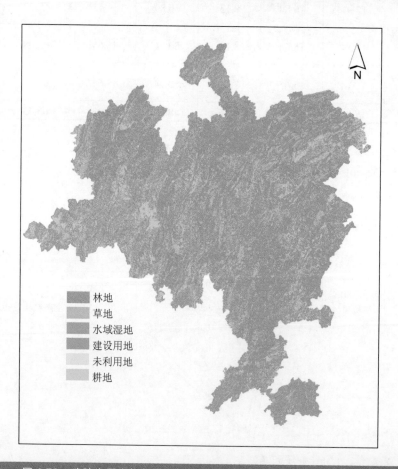

图 4-73 武陵山区生物多样性与水土保持生态功能区生态类型分布图

4.7.5　海南岛中部山区热带雨林生态功能区

海南岛中部山区热带雨林生态功能区位于海南岛中部的五指山，包括 9 个县市。区域植被类型主要有热带季雨林和山地常绿阔叶林，生物多样性极其丰富，特有植物多达 600 多种，是生物多样性保护极为重要的区域，同时也有重要的水源涵养功能。

该生态功能区整体生态环境质量评价值为 62.33，生态环境质量为"一般"，生态功能分指数达到该类功能区的最大值，生态结构、生态扰动、环境质量分指数接近该类功能区平均值，污染负荷分指数低于该类功能区平均值（表 4-29，图 4-74）。区域生态类型以林地为主，占 67.65%，其次为耕地和建设用地，占 28.12%，水域湿地、草地所占比例较低（图 4-75，图 4-76）。9 个县域中，生态环境质量"良好"的有 3 个，即五指山市、白沙县和琼中县；其余 6 个县域生态环境质量均为"一般"（表 4-29）。该生态功能区属热带气候，自然生态环境本底条件很好，但评价结果相对较差，主要问题是区域开发强度比较大，工农业发展占用较大比例的自然生态空间，区域开发从沿海地带向五指山内延伸，造成原始热带雨林生态系统退化以及空间格局破碎化。因此，应该严格控制开发强度，优化开发格局，提高土地集约利用程度，加强对自然生态系统保护和管理。

表 4-29　海南岛中部山区热带雨林生态功能区县域生态环境状况

县名	生态功能分指数	生态结构分指数	生态扰动分指数	污染负荷分指数	环境质量分指数	生态环境质量指数值	生态环境质量等级
三亚市	17.69	17.19	8.43	39.46	42.96	58.96	一般
五指山市	23.50	22.71	11.03	50.05	43.57	71.80	良好
东方市	16.15	13.70	6.85	39.95	42.52	55.01	一般
白沙黎族自治县	22.12	19.80	9.61	49.84	39.50	66.65	良好
昌江黎族自治县	17.24	15.18	7.41	41.02	45.00	58.31	一般
乐东黎族自治县	17.80	15.59	7.69	47.34	37.00	58.39	一般
陵水黎族自治县	15.83	13.94	6.83	41.03	45.00	56.37	一般
保亭黎族苗族自治县	20.85	19.00	9.18	44.12	36.81	61.78	一般
琼中黎族苗族自治县	23.83	21.91	10.61	52.07	42.86	71.78	良好
功能区整体	**19.50**	**17.65**	**8.63**	**45.48**	**41.69**	**62.33**	**一般**

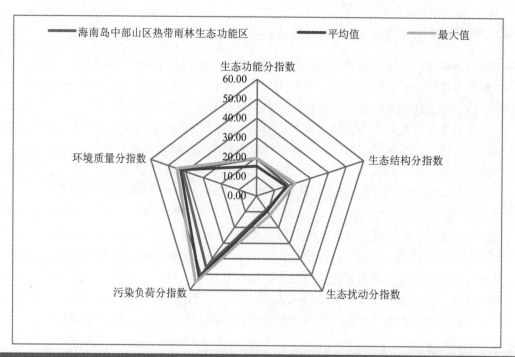

图 4-74　海南岛中部山区热带雨林生态功能区各分指数雷达图

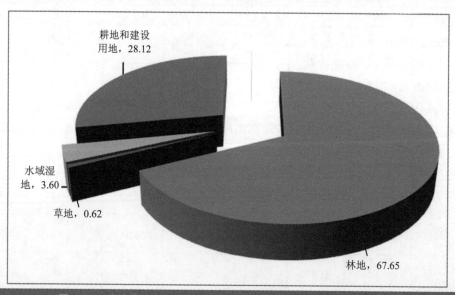

图 4-75　海南岛中部山区热带雨林生态功能区生态类型组成（%）

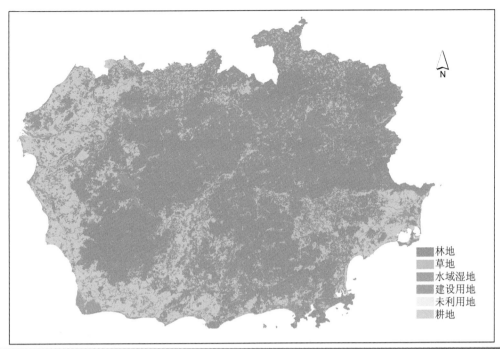

图 4-76　海南岛中部山区热带雨林生态功能区生态类型分布图

4.7.6　藏西北羌塘高原荒漠生态功能区

藏西北羌塘高原荒漠生态功能区地处西藏自治区的阿里、那曲地区，包括 5 个县域，其中阿里地区为日土、改则和革吉 3 个县；那曲地区为班戈和尼玛 2 个县。该区域动植物资源独特而丰富，主要有藏羚羊、黑颈鹤等重点保护动物和高寒荒漠草原珍稀特有物种，生物多样性保护极其重要。

该生态功能区整体生态环境质量评价值为 57.06，生态环境质量为"一般"，生态功能、生态结构分指数显著低于该类功能区平均值，环境质量、污染负荷和生态扰动分指数接近该类功能区最大值（表 4-30，图 4-77）。区域生态类型以草地为主，占 50.47%，其次为未利用地，占 38.02%，水域湿地占 10.97%（图 4-78，图 4-79）。所包含的 5 个县域生态环境质量也均为"一般"（表 4-30）。该生态功能区属高寒荒漠草原气候区，寒冷干燥多大风，土地沙漠化和冻融侵蚀敏感性高，生态环境本底非常脆弱，人口密度低，区域开发程度低，但也需要加强管理，严格限制人类活动扰动。

表 4-30　藏西北羌塘高原荒漠生态功能区县域生态环境状况

县名	生态功能分指数	生态结构分指数	生态扰动分指数	污染负荷分指数	环境质量分指数	生态环境质量指数值	生态环境质量等级
班戈县	5.13	14.01	12.00	54.99	45.00	58.68	一般
尼玛县	4.68	12.54	12.00	55.00	45.00	57.53	一般
日土县	4.21	12.54	12.00	55.00	45.00	57.25	一般

县名	生态功能分指数	生态结构分指数	生态扰动分指数	污染负荷分指数	环境质量分指数	生态环境质量指数值	生态环境质量等级
革吉县	2.35	6.48	12.00	55.00	45.00	52.50	一般
改则县	4.47	12.70	12.00	55.00	45.00	57.50	一般
功能区整体	**4.35**	**12.09**	**12.00**	**55.00**	**45.00**	**57.06**	**一般**

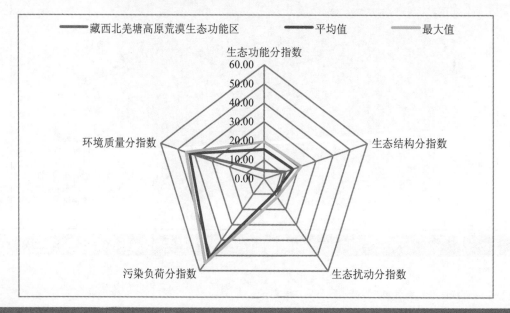

图 4-77　藏西北羌塘高原荒漠生态功能区各分指数雷达图

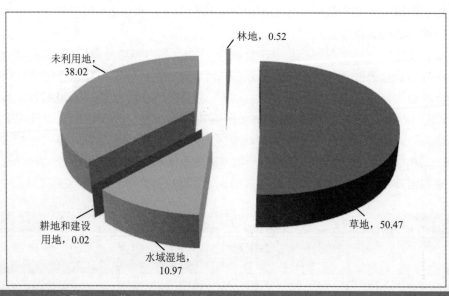

图 4-78　藏西北羌塘高原荒漠生态功能区生态类型组成（%）

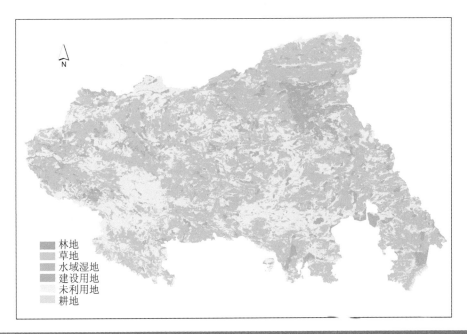

林地
草地
水域湿地
建设用地
未利用地
耕地

图 4-79　藏西北羌塘高原荒漠生态功能区生态类型分布图

4.7.7　藏东南高原边缘森林生态功能区

藏东南高原边缘森林生态功能区位于雅鲁藏布江下游流域以及丹巴曲、察隅河等河流中下游区域。包括错那、墨脱和察隅 3 个县域，区域植被类型有热带雨林、季雨林和亚热带常绿阔叶林等，野生动植物种类丰富，具有较多热带、亚热带动植物种类，具有很高的保护价值，生物多样性保护极为重要。

该生态功能区整体生态环境质量评价值为 71.33，生态环境质量为"良好"。生态功能、生态结构、生态扰动、环境质量和污染负荷分指数基本均达到该类功能区最大值（表 4-31，图 4-80）。区域生态类型以森林为主，占区域面积的 74.39%，草地占 10.41%，未利用地占10.70%，水域湿地占 4.03%（图 4-81，图 4-82）。所包含的 3 个县域生态环境质量也均为"良好"（表 4-31）。该生态功能区自然生态条件优越，生态环境本底条件良好，人口稀少，人口密度低，同时由于山高谷深、地势险要，交通条件很差，人类活动对区域生态系统干扰程度较小，区域生态环境保护较好，但也应加强管理。

表 4-31　藏东南高原边缘森林生态功能区县域生态环境状况

县名	生态功能分指数	生态结构分指数	生态扰动分指数	污染负荷分指数	环境质量分指数	生态环境质量指数值	生态环境质量等级
错那县	18.38	21.28	11.92	54.99	45.00	70.95	良好
墨脱县	22.05	23.24	11.97	55.00	45.00	74.36	良好
察隅县	16.43	19.57	11.94	54.92	45.00	68.73	良好
功能区整体	**18.93**	**21.36**	**11.94**	**54.97**	**45.00**	**71.33**	**良好**

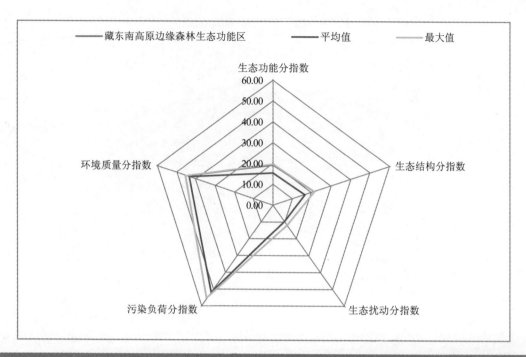

图 4-80　藏东南高原边缘森林生态功能区各分指数雷达图

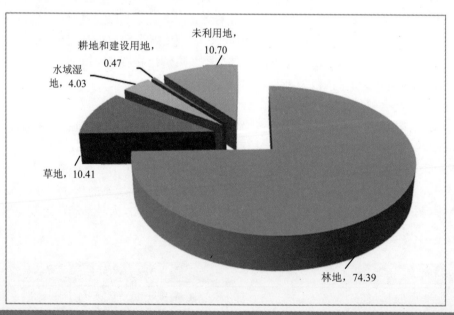

图 4-81　藏东南高原边缘森林生态功能区生态类型组成（%）

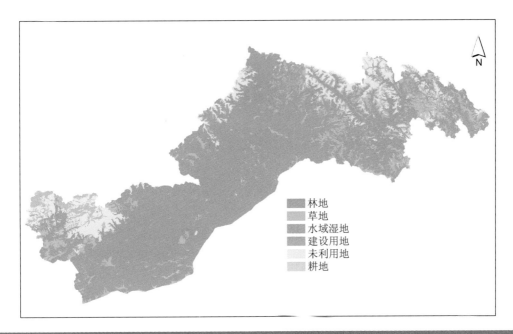

图 4-82　藏东南高原边缘森林生态功能区生态类型分布图

第 5 章
主要结论

生态环境是人类社会生存发展的基本条件，在我国生态环境管理体系中，县级政府是生态环境保护与管理的基层责任主体，负责执行或落实国家及地方各种生态环境保护与管理政策、制度。古语云"郡县治，天下安"，对于我国生态环境保护工作也是如此。如果县域生态环境都得到很好保护，生态系统退化得到遏制或恢复，环境污染得到治理，经济发展与环境保护形成协调可持续的良性循环，那么众多生态环境问题就会迎刃而解，天蓝、地绿、水净的美好家园也不会再是梦想。

国家重点生态功能区作为《全国主体功能区规划》中限制开发区的组成部分，根据我国不同区域生态环境敏感性、脆弱性及其对区域生态安全的重要性，划定了防风固沙、水土保持、水源涵养和生物多样性维护四种主导生态功能类型的空间分布区域。定位为加强生态环境保护，提升生态系统服务功能，以增强生态产品提供能力为主要任务，在发展上要限制大规模、高强度工业化、城镇化开发。国家重点生态功能区是建立国家生态屏障体系、构建国家生态安全格局的基础。因此，开展国家重点生态功能区县域尺度生态环境状况评价与应用研究，对于加强国家重点生态功能区生态环境保护具有重要意义。

本研究围绕《全国主体功能区规划》的规划目标及定位，根据区域生态环境状况的表征指标，本着可操作、易推广原则，从自然生态和环境状况两个角度建立了由生态功能、生态结构、生态扰动、环境质量、污染负荷五个分指数组成的指标体系。其中生态功能分指数用于表征县域整体生态功能状况，突出体现防风固沙、水土保持、水源涵养和生物多样性维护不同生态功能类型的差异；生态结构分指数主要用于表征县域绿色生态空间格局，由具有较高生态功能的生态类型如林地、草地和水域湿地组成；生态扰动分指数表征人类活动对自然生态空间的占用，主要由耕地、建设用地组成；环境质量分指数表征县域环境质量状况，由普遍关注的水、空气环境质量指标组成；污染负荷分指数表征区域产业结构、污染治理成效与经济发展方式，由二氧化硫、化学需氧量排放及工业污染源污染物达标排放指标表征。

评价指标体系的生命力在于其可操作性，易于推广使用，因此注重指标数据可获得性是本研究指标体系的首要考虑因素，在相对全面表征生态环境状况基础上，选择具有较好数据储备基础的评价指标。同时，该指标体系是开放式的、可扩展的，在生态功能、生态结构、生态扰动、环境质量、污染负荷五方面的指标体系框架下，可随着我国生态环境监测业务领域拓展，可以补充添加新的评价指标，比如在环境质量方面可补充土壤环境质量、集中式饮用水水源地水质等指标；在污染负荷方面，可以补充氨氮、氮氧化物、粉尘排放等指标，或者城镇生活污水处理、垃圾处理方面的指标；在生态功能指标中可增加生态服务功能或生物多样性保护状况等指标；在生态扰动指标中，可增加土地退化指标如土地沙化、石漠化、土壤侵蚀等指标。

利用指标体系及方法，对《全国主体功能区规划》中所有国家重点生态功能区的县域生态环境状况进行评价与分析，基本摸清了目前国家重点生态功能区生态环境状况和存在的主要问题。主要结论如下：

5.1 国家重点生态功能区县域生态环境状况总体上较好，但不同生态功能类型之间存在差异

在评价的国家重点生态功能区 486 个县域中，生态环境状况指数值介于 23.61～75.02 之间，其中生态环境"脆弱"的县域有 108 个，占县域总数的 22.2%；"一般"的县域有 231 个，占 47.5%；"良好"的县域有 147 个，占 30.3%。

防风固沙功能类型县域生态环境以"脆弱"为主，61 个县域中，"脆弱"的县域有 34 个，所占比例为 55.7%，"一般"的县域有 27 个，占 44.3%，无"良好"县域。

水土保持功能类型县域生态环境质量以"一般"为主。100 个县域中，"脆弱"县域有 43 个，所占比例为 43.0%，"一般"的县域有 55 个，占 55.0%，"良好"的县域有 2 个，占 2.0%。

水源涵养功能类型县域生态环境质量以"一般"为主，同时"良好"类型也占有相当比例。205 个县域中，生态环境"脆弱"的有 23 个，所占比例为 11.2%，"一般"的有 110 个，占 53.7%，"良好"的 72 个，占 35.1%。

生物多样性维护类型县域生态环境质量以"良好"为主。120 个生物多样性维护功能县域中，生态环境质量"脆弱"的县域有 4 个，所占比例为 3.3%，"一般"的县域有 44 个，占 36.7%，"良好"的县域有 72 个，占 60%。

生态环境"脆弱"县域所占比例从防风固沙、水土保持、水源涵养到生物多样性维护依次降低，而生态环境质量"良好"县域所占比例从防风固沙、水土保持、水源涵养到生物多样性维护则依次升高。

5.2 自然生态条件是影响国家重点生态功能区生态环境状况的重要因素

在防风固沙、水土保持、水源涵养和生物多样性维护四种功能类型 27 个生态功能区中，防风固沙功能的 6 个生态功能区分布在我国北方、西北干旱、半干旱草原以及荒漠地区，是我国北方主要风沙活动区，自然生态环境均非常差。水土保持生态功能的 4 个生态功能区，如黄土高原丘陵沟壑水土保持生态功能区、大别山水土保持生态功能区、三峡库区水土保持生态功能区和桂黔滇喀斯特石漠化防治生态功能区，主要是我国水土流失重点

预防和治理区，生态环境也相对脆弱。水源涵养和生物多样性维护两种功能类型所包含的生态功能区总体上气候条件要好于防风固沙和水土保持类型所包含的区域，自然生态环境本底条件较好，生态环境质量相对要好。

防风固沙 6 个功能区中，3 个生态环境质量为"脆弱"，3 个为"一般"。水土保持 4 个生态功能区中，只有黄土高原丘陵沟壑水土保持区生态环境质量为"脆弱"，其余 3 个均为"一般"。水源涵养 10 个生态功能区中，8 个生态环境质量"一般"，2 个为"良好"。生物多样性维护 7 个生态功能区中，5 个生态环境质量为"一般"，2 个为"良好"。

5.3　人类活动特别是区域开发强度对生态功能区生态环境质量有重要影响

评价发现，一些自然生态条件比较优越的区域，其生态环境质量理应为"良好"的生态功能区，如长白山森林生态功能区、南岭山地森林与生物多样性生态功能区、三江平原湿地生态功能区、秦巴生物多样性生态功能区、武陵山区生物多样性与水土保持生态功能区、海南岛中部山区热带雨林生态功能区等，主要为水源涵养和生物多样性维护功能类型，分布在温带、亚热带的湿润气候区，自然生态条件比较好，但由于工农业开发强度较大，耕地、建设用地占用较大的自然生态空间，压缩了提供生态服务功能的自然生态空间，同时工农业发展带来的污染负荷也比较高，导致这些功能区生态环境质量状况不理想相对较差。

5.4　人类活动干扰方式对生态功能区生态环境质量影响不同

不同人类活动干扰方式对生态功能区功能影响不同，位于草原、高寒草原气候区的生态功能区，以牧业生产为主的生态功能区其生态环境质量要好于以农为主或半农半牧的生态功能区，比如呼伦贝尔草原草甸生态功能区生态环境质量要好于相邻的科尔沁草原生态功能区；若尔盖草原湿地生态功能区的生态环境质量要好于甘南黄河重要水源补给生态功能区。生态系统的防风固沙、水源涵养等服务功能发挥主要由林、草、湿地等自然生态组分提供，农业特别是半干旱区的旱作农业发展对区域生态功能是有负面作用的，土地开垦会显著改变地表覆被状况，增加水分蒸发以及土壤侵蚀强度。畜牧业生产方式可能存在超载过牧，但不会像农业那样能在短时间内迅速改变地表覆被格局，是一种相对温和的人类干扰方式。

5.5　要高度重视位于西部干旱气候区的生态功能区生态环境保护与管理

位于我国西部干旱、极端干旱区的祁连山冰川与水源涵养生态功能区、阿尔泰山地森林草原生态功能区，由于处于干旱荒漠气候区，自然生态系统垂直带谱的基带为荒漠，基本不具备涵养水源功能，能够发挥水源涵养功能的主要是占区域面积比例较低的山地森林、草原生态系统，也是维系河西走廊、阿尔泰山前荒漠绿洲的命脉，因此这些区域山地生态系统的良好保护是决定区域水源涵养功能的关键，应该高度重视这些区域的生态环境保护，实施最为严格的保护措施。

参考文献

[1] 国务院. 全国生态环境保护纲要. 2000.

[2] 国务院. 国务院关于编制全国主体功能区规划的意见. 2007.

[3] 原国家环境保护总局. 国家重点生态功能区保护区规划纲要. 2007.

[4] 国务院. 全国主体功能区规划. 2010.

[5] 国务院. 国务院关于加强环境保护重点工作的意见. 2011.

[6] 国务院. 国家环境保护"十二五"规划. 2011.

[7] 环境保护部. 全国生态功能区划. 2008.

[8] 环境保护部. 全国生态脆弱区保护规划纲要. 2008.

[9] 环境保护部. 国家生态文明建设试点示范区指标（试行）. 2013.

[10] 原国家环境保护总局. 生态环境状况评价技术规范（试行）（HJ/T 192—2006）. 2006.

[11] 国家发改委. 关于开展西部地区生态文明示范工程试点的实施意见. 2011.

[12] 国家林业局. 推进生态文明建设规划纲要（2013—2020 年）. 2013.

[13] 财政部. 中央对地方国家重点生态功能区转移支付办法. 2014.

[14] 环境保护部，发改委，财政部. 关于加强国家重点生态功能区环境保护和管理的意见. 2013.

[15] 国家发改委. 西部地区重点生态区综合治理规划纲要（2012—2020 年）. 2013.

[16] 国家发改委. 国家发展改革委贯彻落实主体功能区战略推进主体功能区建设若干政策的意见. 2013.

[17] 中共中央组织部. 关于改进地方党政领导班子和领导干部政绩考核工作的通知. 2013.

[18] 王传胜，朱珊珊，樊杰，等. 主体功能区规划监管与评估的指标及其数据需求[J]. 地理科学进展，2012，12（31）：1678-1684.

[19] 韩永伟，高吉喜，刘成程. 重要生态功能区及其生态服务研究[M]. 北京：中国环境科学出版社，2012.

[20] 乔迪·扎尔·库塞克，等. 十步法：以结果为导向的监测与评价体系[M]. 梁素萍，韦兵项，译. 北京：中国财政经济出版社，2011.

[21] 彭天杰. 复合生态系统的理论与实践[J]. 环境科学丛刊，1990，11（3）：1-98.

[22] 尹希成. 从"人类世"概念看人与地球的共生、共存和共荣[J]. 当代世界与社会主义（双月刊），2011（1）：169-170.

[23] 中国环境监测总站. 生态环境监测技术[M]. 北京：中国环境出版社，2014.

[24] 徐友宁，等. 地表水污染综合评价污染物权值确定方法[J]. 西安科技大学学报，2010，30（3）：280-286.

[25] 苏为华. 多指标综合评价理论与方法问题研究[D]. 厦门大学，2000.

[26] 沈珍瑶，杨志峰. 黄河流域水资源可再生性评价指标体系与评价方法[J]. 自然资源学报，2002，17（3）：188-197.

[27] 代雪静，田卫. 水质模糊评价模型中赋权方法的选择[J]. 中国科学院研究生院学报，2011，28（2）：169-176.

[28] 俞立平，潘云涛，武夷山. 学术期刊综合评价数据标准化方法研究[J]. 档案期刊编辑，2009，53（53）：136-139.

[29] 赵松山，白雪梅. 用德尔菲法确定权数的改进方法[J]. 统计研究，1994，4：46-49.

[30] 焦念志. 运用德尔菲调查——灰色统计法确立水库鱼产力综合评价中的指标权重体系. 1992，4：91-97.

[31] 李艳双，等. 主成分分析法在多指标综合评价方法中的应用[J]. 河北工业大学学报，1999，28（1）：94-97.

[32] 刘自远，刘成福. 综合评价中指标权重系数确定方法探讨[J]. 中国卫生质量管理，2006，13（2）：44-48.

[33] 李美娟，陈国宏，陈衍泰. 综合评价中指标标准化方法研究[J]. 中国管理科学，2004，12：45-48.

[34] 张罗漫，黄丽娟，度结来，等. 综台评价中指标值标准化方法的探对[J]. 中国卫生统计，1994，11（4）：1-4.

[35] 郭亚军. 综合评价理论与方法[M]. 北京：科学出版社，2002.

[36] 陶菊春，吴建民. 综合加权评分法的综合权重确定新探[J]. 系统工程理论与实践，2001，21（8）：43-48.

[37] 徐泽水，达庆利. 多属性决策的组合赋权方法研究[J]. 中国管理科学，2002，10（2）：84-87.

[38] 韩小孩，张耀辉，孙福军，等. 基于主成分分析的指标权重确定方法[J]. 四川兵工学报，2012，33（10）：124-126.

[39] 李伟民，甘先华. 国内外森林生态系统定位研究网络的现状与发展[J]. 广东林业科技，2006，22（3）：104-108.

[40] 傅伯杰，刘世梁. 长期生态研究中的若干重要问题及趋势[J]. 应用生态学报，2002，13（4）：476-480.

[41] 赵方杰. 洛桑试验站的长期定位试验：简介及体会[J]. 南京农业大学学报，2012，35（5）：147-153.

[42] 傅伯杰，牛栋，于贵瑞. 生态系统观测研究网络在地球系统科学中的作用[J]. 地理科学进展，2007，26（1）：1-16.

[43] 牛栋，李正泉，于贵瑞. 陆地生态系统与全球变化的联网观测研究进展[J]. 地球科学进展，2006，12（11）：1199-1206.

[44] 国务院. "十二五"国家自主创新能力建设规划[EB/OL]. http：//www. gov. cn.

[45] 环境保护部. 国家环境保护"十二五"科技发展规划[EB/OL]. http：//www. mep. gov. cn.

[46] 联合国环境规划署. 全球环境监测系统 [EB/OL]. http：//www. unep. org/gemswater/.

[47] 联合国粮农组织. 全球陆地观测系统[EB/OL]. http：//www. fao. org/gtos/Org. html.

[48] 赵士洞. 全球陆地观测系统开始实施[J]. 地球科学进展，1997，12（3）：298-300.

[49] 马良. 联合国生态环境监测体系概述[J]. 科协论坛，2013，8：132-133.

[50] 赵士洞. 全球环境观测网络发展的新阶段[J]. 地球科学进展，1996，11（6）：600-601.

[51] 美国国家科学基金会（NSF）. 国际长期生态研究网络[EB/OL]. http：//www. ilternet. edu/.

[52] 赵士洞. 国家长期生态研究网络（ILTER）——背景、现状和前景[J]. 植物生态学报, 2001, 25（4）: 510-512.

[53] 于贵瑞, 等. 中国陆地生态系统通量观测研究网络（ChinaFLUX）的研究进展及其发展思路[J]. 中国科学（D辑地球科学）, 2006, 36（增刊）: 1-21.

[54] 美国橡树岭国家实验室. 国际通量观测研究网[EB/OL]. http: //fluxnet. ornl. gov/.

[55] 国际对地观测组织. 国际生物多样性观测网络[EB/OL]. http: //www. earthobservations. org/geobon. shtml.

[56] 杨萍, 于秀波, 庄绪亮, 等. 中国科学院中国生态系统研究网络（CERN）的现状及未来发展思路[J]. 中国科学院院刊, 2008, 23（6）: 555-562.

[57] 美国国家科学基金会（NSF）. 美国长期生态研究网络[EB/OL]. http: //www. lternet. edu/.

[58] 丁访军. 森林生态系统定位研究标准体系构建[D]. 北京: 中国林业科学研究院, 2011.

[59] 赵士洞. 美国国家生态观测站网络（NEON）——概念、设计和进展[J]. 地球科学进展, 2005, 20（5）: 578-583.

[60] 英国兰卡斯特环境中心. 英国环境变化监测网络[EB/OL]. http: //www. ecn. ac. uk/.

[61] 于贵瑞, 于秀波. 中国生态系统研究网络与自然生态系统保护[J]. 中国科学院院刊, 2013, 28（2）: 275-283.

[62] 中国科学院. 中国生态系统研究网络[EB/OL]. http: //www. cern. ac. cn.

[63] 中国科学院. 中国国家生态系统观测研究网络[EB/OL]. http: //159. 226. 111. 43.

[64] 陈平, 李曌, 程洁. 日本国家尺度生物多样性监测概况及其启示[J]. 中国环境监测, 2013, 29（6）: 184-191.

[65] 日本生态学会. 日本长期生态研究网络[EB/OL]. http: //www. jalter. org.

[66] 国家林业局. 中国森林生态系统定位研究网络[EB/OL]. http: //www. cfern. org/.

[67] 傅伯杰. 我国生态系统研究的发展趋势与优先领域[J]. 地理研究, 2010, 29（3）: 383-396.

[68] 于秀波, 付超. 美国长期生态学研究网络的战略规划——走向综合科学的未来[J]. 地球科学进展, 2007, 22（10）: 1087-1093.

[69] 刘海江, 于洋, 董贵华, 等. 国内外长期生态定位观测研究网络概述[C]. 环境监测技术新进展. 北京: 化学工业出版社, 2010: 142-146.

[70] Daniel T. H. , M. E. Cuitis, C. N. Anne, et al. 2000. A landscape ecology assessment of the Tensas river basin[J]. Environmental Monitoring and Assessment: 41-54.

[71] Gitelson, A. , F. Kogan, E. Zakarin. 1998. Using AVHRR data for quantitive estimation of vegetation conditions: Calibration and validation[J]. Advancesin Space Research, 22: 673-676.

[72] John, T. L. 1999. The Role of GIS in Landscape Assessment Using Land-use-based Criteriaforan Area of the Chiltern Hills Area of Outstanding Natural Beauty[J]. Land Use Policy 16: 23-32.

[73] Reid R. S. , R. L. Kruska. 2000. Land-use and land-cover dynamics in response to changes in climatic, biological and socio-political forces: The case of southwestern Ethiopia[J]. Landscape Ecology15: 339-355.

[74] Richard G. L. 1998. Applying GIS and Landscape Ecological Principles to Evaluate Land Conservation Alternatives[J]. Landscape and Urban Planning 41: 27-41.

[75]　Sharp R. C. 2000. Optimizing closure stomeet MACT stnadards[J]. Pollution Engineering 32：42-45.

[76]　Smith E. R. 2000. An ovewview of EPA's regional vulnerbaility assessment（Reva） Porgrma[J]. Environmental Monitoring and Assessment，9-15.

[77]　曹爱霞, 刘学录, 刘栋. 甘肃省生态环境质量评价[J]. 安徽农业科学, 2008, 14: 5977-5979, 6030.

[78]　曹惠明, 宗雪梅, 孟祥亮, 等. 山东省生态环境质量现状及动态变化研究[J]. 干旱环境监测, 2012: 108-111.

[79]　曹长军, 黄云. 层次分析法在县域生态环境质量评价中的应用[J]. 安徽农业科学, 2007, 35: 3344-3345, 3415.

[80]　迟妍妍, 饶胜, 陆军. 重要生态功能区生态安全评价方法初探——以沙漠化防治区为例[J]. 资源科学, 2010, 32（5）: 804-809.

[81]　蔡国沛, 张涛. 限制开发区生态补偿制度探析[J]. 创新论坛, 2010: 11-12.

[82]　陈映. 西部限制开发区域产业政策探析——以国家层面的农产品主产区和国家重点生态功能区为例[J]. 经济体制改革, 2013（5）: 52-56.

[83]　陈彩霞, 林建生. 重庆市生态环境质量综合评价研究[J]. 湖北民族学院学报（自然科学版）, 2006（4）: 348-351.

[84]　陈涛, 徐瑶. 基于 RS 和 GIS 的四川生态环境质量评价[J]. 西华师范大学学报（自然科学版）, 2006（2）: 153-157.

[85]　陈晓峰, 张增祥, 彭旭龙, 等. 基于地理信息系统的数字环境模型研究[J]. 遥感学报, 1998, 4: 305-309.

[86]　戴新, 丁希楼, 陈英杰, 等. 基于 AHP 法的黄河三角洲湿地生态环境质量评价[J]. 资源环境与工程, 2007, 135-139.

[87]　董汉飞. 海南岛生态环境质量分析与综合评价[M]. 广州: 中山大学出版社, 1985.

[88]　巩国丽, 刘纪远, 邵全琴. 草地覆盖度变化对生态系统防风固沙服务的影响分析——以内蒙古典型草原为例[J]. 地球信息科学, 2014, 16（2）: 426-434.

[89]　葛少芸. 落实"草畜平衡制度"发挥草原生态服务功能——以甘肃甘南黄河重要水源补给生态功能区为例[J]. 草业科学, 2010, 27（6）: 71-76.

[90]　高志强, 刘纪远, 庄大方. 中国土地资源生态环境质量状况分析[J]. 自然资源学报, 1999, 1: 94-97.

[91]　郭培坤. 主体功能区环境政策体系研究[D]. 南京: 南京大学, 2011: 1-90.

[92]　郭朝霞, 刘孟利. 塔里木河重要生态功能区生态环境质量评价[J]. 干旱环境监测, 2012, 55-58.

[93]　韩永伟, 高吉喜, 王宝良, 等. 黄土高原生态功能区土壤保持功能及其价值[J]. 农业工程学报, 2012, 28（17）: 78-85.

[94]　韩永伟, 高馨婷, 高吉喜, 等. 重要生态功能区典型生态服务及其评估指标体系的构建[J]. 生态环境学报, 2010, 19（12）: 2986-2992.

[95]　冯宇, 王文杰, 等. 呼伦贝尔草原生态功能区防风固沙功能重要性主要影响因子时空变化特征[J]. 环境工程技术学报, 2013, 3（3）: 220-230.

[96]　刘同海, 吴新宏, 吕世海, 等. 基于遥感的北方防风固沙区沙化草地利用基线盖度研究[J]. 农业工程学报, 2013, 29（3）: 235-241.

[97]　李宝林, 袁烨城, 等. 国家重点生态功能区生态环境保护面临的主要问题与对策[J]. 2014, 42（12）:

15-18.

[98] 洪富艳. 中国生态功能区治理模式研究[D]. 长春：吉林大学，2010：1-164.

[99] 哈力木拉提，董贵华，何立环，等. 新疆伊犁州2000—2005年生态环境质量变化评价与分析[J]. 中国环境监测，2009：98-101.

[100] 贺晶，吴新宏，杨婷婷，等. 基于临界起沙风速的草地防风固沙功能研究[J]. 中国草地学报，2013，35（5）：103-107.

[101] 黄海楠. 基于主体功能区规划的政府绩效评枯体系研究[D]. 西安：西安建筑科技大学，2010：1-51.

[102] 贺畅. 我国重要生态功能区生态效益补偿的立法思考[D]. 长沙：湖南师范大学，2013：1-43.

[103] 冀晓东，靳燕国，刘纲，等. 基于可变模糊集模型的区域生态环境质量评价[J]. 西北农林科技大学学报（自然科学版），2010，9：148-154.

[104] 孔凡斌. 江河源头水源涵养生态功能区生态补偿机制研究——以江西东江源区为例[J]. 经济地理，2010，30（2）：299-305.

[105] 吕凯波. 生态文明建设能够带来官员晋升吗？——来自国家重点生态功能区的证据[J]. 上海财经大学学报，2014，16（2）：67-74.

[106] 李国平，李潇. 国家重点生态功能区转移支付资金分配机制研究[J]. 中国人口·资源与环境，2014，24（5）：124-130.

[107] 李国平，汪海洲，刘倩. 国家重点生态功能区转移支付的双重目标与绩效评价[J]. 西北大学学报，2014，44（1）：151-155.

[108] 李国平，刘倩，张文彬. 国家重点生态功能区转移支付与县域生态环境质量[J]. 西安交通大学学报，2014，34（2）：27-31.

[109] 李杰刚，王相启，李志勇. 促进河北省张承地区生态建设与发展的财政调研报告[J]. 财政论坛，2012（7）：6-9.

[110] 李洪义，史舟，郭亚东，等. 基于遥感与GIS技术的福建省生态环境质量评价[J]. 遥感技术与应用，2006，21：49-54.

[111] 李丽，张海涛. 基于BP人工神经网络的小城镇生态环境质量评价模型[J]. 应用生态学报，2008，19：2693-2698.

[112] 李莉，张华. 基于退耕还林还草背景的奈曼旗生态环境质量评价[J]. 国土与自然资源研究，2010：1003-7853.

[113] 李晓秀. 北京山区生态环境质量评价体系初探[J]. 自然资源，1997：33-37.

[114] 李鹏. 调整财税政策促进主体功能区建设[J]. 经济纵横，2008（6）：32-33.

[115] 谢京华. 论主体功能区与财政转移支付的完善[J]. 地方财政研究，2008（2）：12-14.

[116] 梁嘉骅. 环境管理系统工程[M]. 北京：科学技术出版社，1992.

[117] 刘海江，张建辉，何立环，等. 我国县域尺度生态环境质量状况及空间格局分析[J]. 中国环境监测，2010，6：62-65.

[118] 刘瑞，王世新，周艺，等. 基于遥感技术的县级区域环境质量评价模型研究[J]. 中国环境科学，2012：181-186.

[119] 孟庆华. 国家重点生态功能区规划中生态用地对策研究——以甘南黄河重要水源涵养补给生态功能区为例[J]. 林业资源管理，2013（3）：9-11.

[120]　孟庆华. 基于生态足迹的浑善达克国家重点生态功能区生态承载力研究[J]. 林业资源管理，2014（1）：127-130.

[121]　马治华，刘桂香，李景平，等. 内蒙古荒漠草原生态环境质量评价[J]. 中国草地学报，2007：17-21.

[122]　钱贞兵，周先传，徐升，等. 安徽省生态环境质量动态评价研究[J]. 安徽农业科学，2007：8612-8614.

[123]　秦伟，朱清科，方斌，等. 陕西省吴起县生态环境质量综合评价[J]. 水土保持通报，2007，27：102-107.

[124]　牛文元. 中国科学发展报告[M]. 北京：科学出版社，2012：106-135.

[125]　史培军，潘耀忠，陈晋，等. 深圳市土地利用/覆盖变化与生态环境安全分析[J]. 自然资源学报，1999，4：293-299.

[126]　孙玉军，王效科，王如松. 五指山保护区生态环境质量评价研究[J]. 生态学报，1999：77-82.

[127]　王立辉，黄进良，杜耘. 南水北调中线丹江口库区生态环境质量评价[J]. 长江流域资源与环境，2011，20：161-166.

[128]　王顺久，李跃清. 投影寻踪模型在区域生态环境质量评价中的应用[J]. 生态学杂志，2006，7：869-872.

[129]　王晓峰，张晖，董小平，等. 南水北调中线工程陕西水源区生态环境质量综合评价[J]. 水土保持通报，2010，3：230-232.

[130]　杨伟民. 区域协调发展的关键：主体功能区规划[J]. 财经界，2008（3）：1-5.

[131]　徐昕，高峻，汪琴，等. 城市生态环境遥感监测与质量评价——以上海市为例[J]. 上海师范大学学报（自然科学版），2008：206-213.

[132]　姚尧，王世新，周艺，等. 生态环境状况指数模型在全国生态环境质量评价中的应用[J]. 遥感信息，2012，27：93-98.

[133]　姜帆. 抚仙湖流域旅游规划用地生态环境评价研究[J]. 林业资源管理，2008（4）：103-107.

[134]　樊哲文. 基于GIS的江西省生态环境脆弱性驱动力分析[J]. 江西科学，2009（2）：302-306.

[135]　伏洋. 青海省流域生态环境质量评价指标体系研究[J]. 青海气象，2004（4）：28-32.

[136]　黄思铭. 刚性约束：生态综合评价考核指标体系研究[M]. 北京：科学出版社，1998：43-45.

[137]　潘军训. 限制开发区地方政府绩效评估指标体系研究[D]. 兰州：西北师范大学，2012：1-52.

[138]　裴芳. 限制开发区域主导产业选择研究——以吉林省抚松县为例[D]. 长春：东北师范大学，2011：1-42.

[139]　潘金瓶. 城乡边界地域居住区生态环境评价指标体系研究[J]. 中国城市林业，2011（4）：31-33.

[140]　沈茂英. 国家重点生态功能区生态建设与生态补偿制度研究[J]. 四川林勘设计，2014（3）：1-7.

[141]　沈茂英. 国家重点生态功能区农户生态补偿问题研究[J]. 四川林勘设计，2013（4）：1-7.

[142]　任世丹. 国家重点生态功能区生态补偿正当性理论新探[J]. 中国地质大学学报（社会科学版），2014，14（1）：17-21.

[143]　任世丹. 重点生态功能保护区生态补偿法律关系研究[J]. 生态环境，2013（8）：152-154.

[144]　宋立，杨丽雪. 贵州安顺"镇关紫"限制开发区的生态功能定位及经济发展路径[J]. 贵州农业科技，2013，41（3）：46-49.

[145]　魏金平，李萍. 甘南黄河重要水源补给生态功能区生态脆弱性评价及其成因分析[J]. 水土保持通报，2009，29（1）：174-178.

[146]　王传胜，朱珊珊，樊杰，等. 主体功能区规划监管与评估的指标及数据需求[J]. 地理科学进展，

2012，12（31）：1678-1684.

[147] 王丹君. 基于 MODIS 的中国重要生态功能区生态功能评估[D]. 北京：北京林业大学，2011：1-59.

[148] 王静雅. GIS 与层次分析法相结合的生态环境综合评价研究——以渝西地区为例[J]. 生态环境学报，2011：1268-1272.

[149] 王让会，宋郁东，樊自立，等. 新疆塔里木河流域生态脆弱带的环境质量综合评价[J]. 环境科学，2001，22（2）：7-11.

[150] 吴越. 国外生态补偿的理论与实践——发达国家实施重点生态功能区生态补偿的经验及启示[J]. 环境保护，2014，42（12）：21-24.

[151] 卢洪友，祁毓. 生态功能区转移支付制度与激励约束机制重构[J]. 环境保护，2014，42（12）：34-36.

[152] 刘政磬. 论我国生态功能区转移支付制度[J]. 环境保护，2014，42（12）：40-41.

[153] 何立环，刘海江，等. 国家重点生态功能区县域生态环境质量考核评价指标体系设计与应用实践[J]. 环境保护，2014，42（12）：42-45.

[154] 肖碧微，周伟，黄涛珍. 藏北高原国家重点生态功能区人口迁移趋势及对城镇化格局影响[J]. 山地学报，2014，32（4）：497-504.

[155] 徐宁，赵金锁. 限制开发区转变经济发展方式问题分析——以甘南黄河重要水源补给生态功能区甘南州 6 县（市）为例[J]. 贵州大学学报，2013，31（5）：42-55.

[156] 闫喜凤，纪晓宁. 国家重点森林生态功能区生态移民的政府责任研究[J]. 行政论坛，2014（4）：72-75.

[157] 杨嵘. 甘肃生态功能区转移支付政策实施及发展思路探讨[J]. 工作研究，2014：35-36.

[158] 叶亚平，刘鲁军. 中国省域生态环境质量评价指标体系研究[J]. 环境科学研究，2000，13（3）：33-36.

[159] 孔凡斌. 江河源头水源涵养生态功能区生态补偿机制研究——以江西东江源区为例[J]. 经济地理，2010，3（2）：299-305.

[160] 苑涛. 水土保持生态补偿机制研究——以重庆巫山为例[D]. 重庆：西南大学，2012：1-43.

[161] 燕守广，沈渭寿，邹长新，等. 重要生态功能区生态补偿研究[J]. 中国人口·资源与环境，2010，20（3）：1-4.

[162] 阳文华，钟全林，程栋梁. 重要生态功能区生态补偿研究综述[J]. 华东森林经理，2010，24（1）：1-6.

[163] 张小军. 基于 RS 和 GIS 的苏尼特右旗草地生态服务功能评价研究[D]. 呼和浩特：内蒙古师范大学，2011.

[164] 张睿. 基于主体功能区视角的黑龙江省财政支出绩效评价研究[D]. 哈尔滨：东北林业大学，2012.

[165] 张霞，郑郁，王亚萍. 基于灰色关联度的 TOPSIS 模型在秦岭生态功能区水土保持治理效益评价中的应用[J]. 水土保持研究，2013，20（6）：188-191.

[166] 钟大能. 推进国家重点生态功能区建设的财政转移支付制度困境研究[J]. 区域经济，2014：122-126.

[167] 仲俊涛，米文宝，吴昕燕，等. 宁夏限制开发区县域生态经济位比较研究[J]. 水土保持研究，2014，21（2）：234-237.

[168] 周念平. 我国重要生态功能区的生态补偿机制研究——以怒江流域为例[D]. 昆明：昆明理工大学，2013.

[169] 张继承. 基于 RS/GIS 的青藏高原生态环境综合评价研究[D]. 长春：吉林大学，2008.

[170] 周华荣. 新疆生态环境质量评价指标体系研究[J]. 干旱区地理，2000，20（2）：150-153.

[171] 周华荣，潘伯荣，海热提•吐尔逊. 新疆生态环境现状综合评价研究[J]. 干旱区地理，2001，24（1）：23-29.

[172] 张春桂，李计英. 基于 3S 技术的区域生态环境质量监测研究[J]. 自然资源学报，2010：2060-2071.

[173] 张建龙，吕新. 基于 RS 和 GIS 技术的石河子垦区绿洲生态环境质量评价[J]. 安徽农业科学，2009：6046-6049.

[174] 张晓玲. 回族聚居限制开发区区域发展机理研究——以宁夏海原县为例[D]. 银川：宁夏大学，2013.

[175] 赵元杰，代磊强，梁剑. 河北省生态环境质量评价研究[J]. 国土与自然资源研究，2012：47-50.

[176] 赵跃龙，张玲娟. 脆弱生态环境定量评价方法的研究[J]. 地理科学，1998：78-84.

[177] 周铁军，赵廷宁，戴怡新. 毛乌素沙地县域生态环境质量评价研究——以宁夏回族自治区盐池县为例[J]. 水土保持研究，2006，13：156-159.